Gunda Achterhold

Im neuen Job

Gunda Achterhold ✳ Dawn Parisi

Im neuen Job

Überlebenstipps für die ersten 100 Tage

sanssouci

Unser gesamtes lieferbares Programm und viele andere Informationen finden Sie unter www.sanssouci-verlag.de und www.kompetent-im-trend.de.

1 2 3 4 5 13 12 11 10 09

ISBN 978-3-8363-0195-4

Einbandgestaltung und -illustration: Dawn Parisi, Hamburg
Satz: Dawn Parisi, Hamburg
Druck und Bindung: Kösel, Krugzell
Printed in Germany

Inhalt

INHALT

Inhalt

00 VORWORT

ALS HÄTTE DIE GUTE FEE GEZAUBERT!

So viel Stress und Adrenalin, und jetzt ist es endlich so weit. Sie halten den Vertrag in der Hand, und es steht fest: In dieser Firma fangen Sie an. Wie haben Sie diesen Tag herbeigesehnt! Aber die Sektflasche ist noch nicht im Altglas gelandet, da meldet sich auch schon ein Grummeln im Magen. Horrorszenarien von tuschelnden Kollegen, widerspenstigen Kunden und jähzornigen Chefs tun sich vor Ihrem inneren Auge auf. »Hilfe«, geistert es durch Ihren Kopf, »was kommt denn da eigentlich auf mich zu?!«
Ganz locker bleiben. So eine Art innerer Ausnahmezustand ist normal und bleibt Einsteigern nicht erspart. Egal ob Sie direkt aus der Ausbildung kommen oder den Arbeitsplatz wechseln: Ein neuer Job ist immer wie eine Reise in eine andere Welt – allerdings mit unbekanntem Ziel. Woher sollen Sie wissen, was Sie erwartet? Jede Firma ist wie ein kleines Universum, das nach ganz eigenen Regeln funktioniert, die Sie noch nicht kennen. Vom saftigen Kantinenklatsch bis hin zum ersten Meeting: Überall lauern lauter fiese kleine Fallstricke, in denen sich Neulinge sehr leicht verheddern.

Schon mit den ersten Bewerbungen tun sich jede Menge Fragen auf. Wer Personalern mit einer 08/15-Mappe kommt, kann es gleich lassen – und sei sie noch so tipptopp gestylt. Diese in der Regel eher quälende Phase inmitten von Klarsichthüllen, Lebensläufen und zerknüllten Entwürfen eignet sich jedoch bestens, um die eigene Menschwerdung etwas genauer unter die Lupe zu nehmen. Was habe ich alles gemacht? Und wie war das mit dem Auf und Ab der letzten Jahre? So richtig rund lief es ja vielleicht nicht immer. Oder sind Sie eher der Durchbeißer-Typ, der sich stromlinienförmig auf sein Ziel zubewegt?

Sich gründlich zu hinterfragen erhöht nicht nur die Chancen auf einen überzeugenden Auftritt im Reigen potenzieller Kandidaten. Jobeinsteiger legen sich damit auch einen soliden Grundstein für den Tag 1 im neuen Unternehmen. Wer weiß, was er a) kann und wo er b) im Zweifelsfall leider schnell zu packen ist, behauptet sich leichter im Dschungel der ersten 100 Tage. Denn jetzt wird's ernst. Wer zu forsch auftritt oder vor lauter neuen Ideen nur so sprüht, kann sich leicht den Start vermasseln. Innerhalb von Sekunden sind die ersten Urteile über Sie gefällt. Einen unbeholfenen Auftritt oder eine voreilige Bemerkung wieder wettzumachen kostet richtig viel Zeit – wenn es überhaupt gelingt. Aber keine Angst vor einer nicht enden wollenden Kür der Peinlichkeiten. Viele schweißtreibende Balanceakte tauchen so oder so ähnlich in jedem neuen Job auf. Und das ist doch eine wirklich gute Nachricht: Denn darauf können Sie sich einstellen! Mit diesem Buch wird es leichter.

Um Tipps auszuzeichnen und eine schnelle und übersichtliche Nutzung zu ermöglichen, sind sie mit folgenden Icons versehen:

- Karriereleiter
- € Geldsache
- % Statistisches
- § Das sagt das Recht
- ! Achtung!

00

DER TEST

EINSTIEGSTEST

Was soll man als Jobeinsteiger nicht alles beachten! Immer schön Zurückhaltung üben, aber bloß nicht unauffällig bleiben. Den Chef nicht nerven, aber unbedingt beeindrucken. Sich geschmeidig firmeninternen Gepflogenheiten anpassen – Kaffee kochen! –, aber nicht den Dienstboten spielen. Auf keinen Fall zu laut über einen Witz lachen, aber auch nicht völlig humorlos rüberkommen. Sich auf lockere und sympathische Weise in den Kreis der Kollegen einreihen, ohne sich – das Tor zur Hölle! – auf irgendwelche Vertraulichkeiten einzulassen. Die eierlegende Wollmilchsau lässt grüßen. Da ist es hilfreich zu wissen, welcher Job-Typ man eigentlich ist. Machen Sie den Test:

a ☐ b ☐ c ☐

01. Na, das ist doch gut gelaufen! Das Bewerbungsgespräch scheint so gut wie zu Ende zu sein. Ein durchdringender Blick des Personalers trifft Sie unvermittelt. Er fragt: »Trauen Sie sich diese Aufgabe zu?« Wie reagieren Sie?

a) »Spendieren Sie mir ein gescheites Programm, und das wird schon!«

b) Was denkt der eigentlich, warum Sie hier sitzen? »Ja, klar!« Sie holen ein bisschen aus, damit der gute Mann merkt, was Sie auf diesem Gebiet so alles draufhaben.

c) Sie sind sich nicht sicher. Zu dem Thema haben Sie zwar schon drei Fortbildungen absolviert, und Ihre Abschlussarbeit ging auch in die Richtung. Aber um auf gar keinen Fall irgendetwas anbrennen zu lassen, würden Sie als flankierende Maßnahme gerne an vier Wochenenden eine weitergehende Seminarreihe besuchen.

02. Der erste Tag im Büro. Hier scheint ganz offensichtlich niemand auf Sie gewartet zu haben. Unbeeindruckt von Ihrem Erscheinen machen alle weiter wie gehabt. Was nun?

a ☐ b ☐ c ☐

a) Prima, dann können Sie ja gleich mal den Humorpegel testen: »Besten Dank für den rauschenden Empfang!«
b) Sie setzen Ihr strahlendstes Lächeln auf und lassen sich von den grauen Mäusen einfach nicht beeindrucken. »Guten Tag zusammen!« Ihrem Charme kann sich auf Dauer sowieso niemand entziehen.
c) So eine Unverschämtheit! Sie schalten auf stur, setzen sich in eine Ecke und klappen den Laptop auf. Schließlich lassen Sie Zeit nicht gern ungenutzt verstreichen.

03. Hauptsache, die halten Sie hier nicht für ein Mauerblümchen. Was tun Sie, um gleich in der ersten Woche so richtig aufzufallen?

a ☐ b ☐ c ☐

a) Am besten lernt man sich beim Diskutieren kennen! Sie arbeiten sich von Schreibtisch zu Schreibtisch vor, und verwickeln die Kollegen in tief gehende Gespräche.
b) Dank regelmäßiger Abstecher in die Teeküche lernen Sie schnell viele Gesichter kennen. Und haben nach fünf Tagen als Erster aus dem gesamten Team raus, wie man der hochkomplizierten Kaffeemaschine sogar einen orientalischen Mokka entzaubern kann. Das soll Ihnen mal einer nachmachen!
c) Sie fassen alle wichtigen Ergebnisse in Excel-Tabellen zusammen, stellen sie zu einer kleinen Powerpoint-Präsentation zusammen und kündigen für die nächste Teamsitzung eine etwa 25-minütige Präsentation an.

04. Upps, so ein Mist! Ihre Cola kippt um und ergießt sich in die Steckerleiste. Ein »Zung« – und im Großraumbüro herrscht tiefes Dunkel. Wie retten Sie sich aus der Affäre?

a ☐ b ☐ c ☐

a) Auf in die Offensive: »Sorry Leute, das war ich! Ihr dürft mich zum Kollegen des Monats wählen!«

b) »Wer war denn das?«, rufen Sie laut in die Stille der Dunkelheit. So kommt keiner auf die Idee, die Schuld bei Ihnen zu suchen.
c) Das passiert Ihnen nicht. Sie würden NIEMALS ein Erfrischungsgetränk geöffnet auf der Arbeitsfläche stehen lassen!

a ☐ b ☐ c ☐

05. Jetzt schlägt Ihre große Stunde. Bei der nächsten Sitzung sind Sie mit einem Vortrag dran. Die Organisation der Veranstaltung liegt ganz in Ihren Händen. Wie gehen Sie vor?
a) Sie kommen zwei Minuten früher, platzen in ein Meeting und müssen feststellen, dass Sie die Konferenzraum-Reservierung via Outlook noch immer nicht beherrschen. Den Vortrag halten Sie in der Raucherecke.
b) Warum mehr Stress als unbedingt nötig? Sie polieren eine Powerpoint-Präsentation aus der alten Firma noch mal ein bisschen auf.
c) Sie sind bereits eine Viertelstunde vor den anderen im Tage zuvor reservierten Konferenzraum, der Beamer ist gecheckt und funktioniert, es gibt ein Handout. Sie haben sich Notizen gemacht.

a ☐ b ☐ c ☐

06. Zwei neue Kollegen kommen auf Sie zu und schlagen vor, gemeinsam in die Kantine zu gehen.
a) Das Geld sparen Sie sich lieber. »Besten Dank, nett gemeint, aber ich habe mir was mitgebracht.« Zur Bestätigung wedeln Sie mit der Brotzeitbox.
b) Sie lehnen dankend ab. »Kantinenessen ist nun wirklich nichts für mich!«
c) Sie nutzen die ruhige Zeit um den Mittag herum lieber dazu, um einen wichtigen Vorgang abzuschließen, der Ihre ganze Konzentration erfordert.

07. Puh, Ihnen schwirrt schon richtig der Kopf. So viel Neues an einem Tag! Jetzt ist erst mal Relaxen angesagt. Sie schließen sich einer Kollegin auf dem Weg in die Kaffeeküche an. Wie verhalten Sie sich?

a ☐ b ☐ c ☐

a) Klasse, was man hier so mitkriegt! Das ist ja vielleicht ein kommunikativer Haufen. Jeder redet über jeden. Und toll, wie köstlich sich alle über Ihre Witze amüsieren!
b) Ja, da staunen sie, die Kollegen! Sie haben schon tolle Dinger gedreht, in der alten Firma. Dagegen ist das hier ja alles Popelkram.
c) Ein idealer Moment, um sich bei einer Tasse Kräutertee nach dem aktuellen Stand des Projekts zu erkundigen. Mit einem warmen Getränk in der Hand sind Fachgespräche doch ein reines Vergnügen!

08. Ein Kunde beschwert sich beim Geschäftsführer. Ein Auftrag ist nicht pünktlich erledigt worden. Und wer ist seiner Meinung nach schuld? Sie! Was tun Sie?

a ☐ b ☐ c ☐

a) Sie können zwar nichts dafür. Aber um die Situation zu entschärfen, kümmern Sie sich um das Problem und setzen den Chef-Chef von Ihren Schritten kurz in Kenntnis.
b) Sie tun nichts. Schließlich haben Sie die Sache nicht verbockt.
c) Sie schreiben dem Chef eine lange Mail und erklären ihm ausführlich, warum der Kunde mit seinen Beschuldigungen völlig falsch liegt. Ihre Abteilungsleiterin setzen Sie gleich CC.

AUSWERTUNG

Zählen Sie, was Sie am häufigsten angekreuzt haben: a, b oder c – das bestimmt Ihren Jobtyp.

DER TEST

TYP A
Kreativer Chaot

Ein Hansdampf in allen Gassen. Wenn so richtig was los ist, fühlen Sie sich in Ihrem Element! Sie stecken voller Ideen und tanzen auf tausend Hochzeiten. Bei Ihnen dominiert ganz klar die kreative, flexible Gehirnhälfte. Auf Menschen achten Sie mehr als auf Sachen. Für alles und jeden können Sie sich begeistern. Sind ja lauter tolle Gelegenheiten, um neue Leute kennenzulernen, Impulse zu kriegen und gemeinsam was einzustielen. Ihr Schreibtisch? Dient vor allem als Ablage. Irgendwo müssen Sie das ganze Zeug ja lassen, auf dem Weg von A über B zu C. Sie sind ständig auf der Durchreise. Akten – das ist was für Langweiler! Kreativität braucht Raum, um sich zu entfalten. Wenn Sie nur wüssten, wo Sie zuerst anfangen sollen – alles ist so spannend! Ihr Zeitmanagement ließe sich deutlich optimieren.

TYP B
Schaumschläger

An Selbstbewusstsein fehlt es Ihnen nicht. Wenn Sie den Raum betreten, geht die Sonne auf. Was Sie alles können und schon gemacht haben, und sich zutrauen und auch wirklich jedem gerne erzählen! Ein Wahnsinn. Kein Wunder, dass Ihr Redeanteil im Team an einsamer Spitze liegt. In Meetings laufen Sie zu ganz großer Form auf. Zu jedem Thema fällt Ihnen etwas ein. Und das aus dem Stand, ohne sich erst mal umständlich durch Analysen und Zahlenreihen zu quälen. Sie haben es einfach drauf! Und Sie sehen ja auch, wie gut Sie mit Ihrer mitreißenden und visionären Art ankommen. Selten grätscht Ihnen jemand dazwischen. Aber wenn doch, ist Schluss mit lustig. Auf Kritik reagieren Sie hochsensibel. Und lassen es andere deutlich spüren.

Abb. Typ

TYP C
Der Hundertprozentige

Immer schön eins nach dem anderen! Unordnung ist Ihnen ein Graus. Ebenso wie diese permanenten Störungen von Kollegen. Nervtötend! Ständig wollen sie was von einem oder stehen in der Bürotür, um ein Pläuschchen abzuhalten. Obwohl: Das ist schon weniger geworden. Denn da machen Sie nicht mit! Schließlich haben Sie Besseres zu tun. Der Chef weiß, was er an Ihnen hat, und lädt Zahlenkolonnen besonders gerne auf Ihrem Schreibtisch ab. Ihr Erfolgsrezept: Logik, System und Fleiß. Aufgaben arbeiten Sie unbeirrt ab. Der Zuverlässigkeit von Excel-Tabellen fühlen Sie sich innig verbunden. Ergebnisse verlassen erst dann Ihren Raum, wenn sie wirklich hieb- und stichfest sind. Schnellschüsse sind Ihre Sache nicht. Dafür kann ein Projekt schon mal dauern. Doch auf dem Auge sind Sie blind. Dabei könnte weniger manchmal mehr sein!

1

BEWERBEN – SO GEHT'S

Der Weg in den neuen Job ist wie ein Hindernislauf – da geht einem leicht die Puste aus. Wer die wichtigsten Regeln kennt, tut sich leichter.

Mit einem knackigen Anschreiben lässt sich punkten, mit einem festen Händedruck auch. So klettern Sie die Karriereleiter hoch!

Hier geht's ums Geld – denn ein gelungener Auftritt kostet. Nicht an der falschen Ecke sparen!

Achtung – an manchen Stellen sind die Fettnäpfchen besonders tief. Wer den Personaler langweilt oder auf Fragen trotzig reagiert, hat schlechte Karten.

BEWERBEN – SO GEHT'S

AB DIE POST

Endlich geschafft! Mit dem Lernen ist es vorbei, die Prüfungen sind bestanden. Jetzt kann's losgehen mit dem Geldverdienen. Aber vorher steht schon wieder jede Menge Stress an. Bewerbungen schreiben – allein die Vorstellung jagt einem kalte Schauer über den Rücken. Herumschleimen, was das Zeug hält, oder lieber feines Understatement? Es ist zum Verzweifeln. Wie beschreibe ich denn nur, was ich alles kann? Und was gehört überhaupt rein in den Lebenslauf? Die Jahre bei den Pfadfindern ja wohl nicht. Wäre ich doch lieber ein Jahr ins Ausland gegangen. Dann hätte ich vielleicht noch Spanisch gelernt. Hoffentlich fällt nicht sofort unangenehm auf, was ich alles nicht kann.

Stopp: Es geht hier nicht um die Jagd nach Superlativen. Wer jahrelang als Ober-Pfadfinder mit Jugendgruppen durch Flora und Fauna gestreift ist, beweist jede Menge soziale Kompetenz. Und fünf Fremdsprachen müssen eher selten sein, um einen guten Job zu finden. Nicht immer nur nach den Defiziten gucken. Was steht auf der Habenseite? Und zwar nicht nur an Abschlüssen, Praktika und Sprachkenntnissen. Wie beschreibe ich mich als Person? Die unvermeidlichen Soft Skills – Teamgeist ect. pp. – erklären sich schließlich nicht von selbst. Was auf der Suche nach möglichst wohlklingenden Sätzen der Selbstbeschreibung gern übersehen wird: Auf der anderen Seite des Schreibtisches sitzt ein Mensch, kein Roboter. Und der ist froh, wenn zwischen lauter 08/15-Schreiben so etwas wie Persönlichkeit aufblitzt.

Aber wie kann ich mich von der Masse abheben? Es kann reizvoll sein, die Trampelpfade zu verlassen und einfach mal etwas ganz anderes auszuprobieren. Selbst Äpfel und Ansichtskarten sind schon in Personalabteilungen gelandet. Es kann klappen, sein kreatives Potenzial auszuspielen. Der Erfolg hängt jedoch immer von der Branche und vom Gegenüber ab. Alles, was aus dem Rahmen fällt, polarisiert eben auch. Doch selbst in den Grenzen des formal Üblichen ist durchaus Spiel, um die eigenen Qualitäten besonders hervorzuheben.

Was sind Soft Skills?
Noten und Fachwissen sind nicht alles. Die sogenannten »weichen Faktoren« spielen im Berufsleben eine große Rolle. Belastbarkeit und Lernbereitschaft gehören ebenso dazu wie Teamfähigkeit und die Art und Weise, wie jemand Probleme anpackt und löst.

Auch an den Personaler denken!

Nicht nur Bewerber haben es schwer. Bevor man anfängt sich mit Formulierungen herumzuquälen, lohnt es sich, einen Blick auf die andere Seite zu werfen: Eine Firma hat eine Stelle zu vergeben, vielleicht sind es auch gleich mehrere. Stapelweise Bewerbungen sind dafür ins Haus gekommen. Aus diesem Wust an Mappen und E-Mails nun haargenau den oder die Richtige für die Position zu finden ist ein bisschen wie Lotterie spielen. Zu viele Nieten kann sich ein Unternehmen jedoch nicht leisten. Erweist sich der Jobeinsteiger als Fehlanzeige, kostet das die Firma richtig Geld. Ein Personaler steht also unter Druck. Aus diesem Riesenangebot an potenziellen Kandidaten muss er die richtige Wahl treffen. Wer von ihnen bringt in besonderer Weise das mit, was dieser Job fordert? Und nicht zuletzt: Passt er auch ins Unternehmen? Tag für Tag arbeitet sich ein Personalentwickler durch Berge von Papier. Pro Bewerbungsschreiben bleiben ihm allenfalls ein paar Minuten Zeit, um eine Vorauswahl zu treffen.

Das gehört in die Bewerbung:

- Anschreiben
- Lebenslauf
- Foto
- relevante Abschlusszeugnisse
- Arbeitszeugnisse (in Kopie!)

BEWERBEN – SO GEHT'S

Bloß nicht die Geduld des Personalers strapazieren! Auf den Punkt kommen und sich kurz fassen. Das Anschreiben gehört auf eine Seite (nicht quetschen!). Und auch der Lebenslauf braucht in keinem Fall mehr als zweimal DIN-A4. Auch wenn es noch viel gibt, das einem persönlich wichtig ist, gilt: so lange ausmüllen und bündeln, bis es passt.

Hilfe, Papierstau!

Nicht jeder Kurs oder Job muss mit Bestätigung und Zertifikat belegt werden. Und die Grundschulzeugnisse sind allenfalls noch für neugierige Nachkommen wirklich interessant. Entscheidend sind Abschlusszeugnisse, Zeugnisse von Zwischenprüfungen wie Vordiplom, Arbeitszeugnisse und Nachweise für Praktika.

Schnellhefter, Klemmordner oder Bewerbungsmappe – eine Wissenschaft für sich. Grundsätzlich gilt: Je leichter zu handhaben, desto besser. Wer fieselt schon gerne zig Seiten einzeln aus Laschen, Ösen und Schienen, bevor er zum Wesentlichen vorstoßen kann? Auch die so beliebten Klarsichthüllen können sich als Stimmungskiller erweisen. Leicht erwecken sie den Eindruck, der Empfänger gehe möglicherweise nicht mit der gebührenden Sorgfalt zu Werke.

Anschreiben und Lebenslauf – ist das nicht doppelt gemoppelt?

Nein. Der Lebenslauf gilt zwar als Kernstück der Bewerbung, weil alle wichtigen Informationen zur Person, zu Ausbildung und beruflicher Praxis auf einen Blick zu überschauen sind. Aber das Anschreiben bietet die einmalige Chance, sich ein unverkennbares Gesicht zu geben. Einen Standardbrief kann man sich gleich sparen. Damit ist auf der Stelle Porto verbrannt. Es ist wie bei einer Brautschau: Auch eine Firma will umworben werden. Ein Personaler sieht sofort, ob er einer von vielen ist, der Ihr Schreiben auf dem Tisch liegen hat. Sie müssen also offensiv rüberbringen, dass Sie *diese* Position in *diesem* Unternehmen wollen. Und: Warum genau Sie richtig sind für den Job. Es lohnt sich, die Stellenanzeige zu verinnerlichen. Wie sieht das Anforderungsprofil aus? Was Sie dafür mitbringen, packen Sie im Text ganz nach oben. Klar, im Prinzip stehen

Abb. Bewerbungsrezept

Man nehme:

01a Biografie-Konzentrat

01b 1 Tropfen »Gewisses Etwas«

01c 1 professionelles Foto

02 Und denken Sie dran …

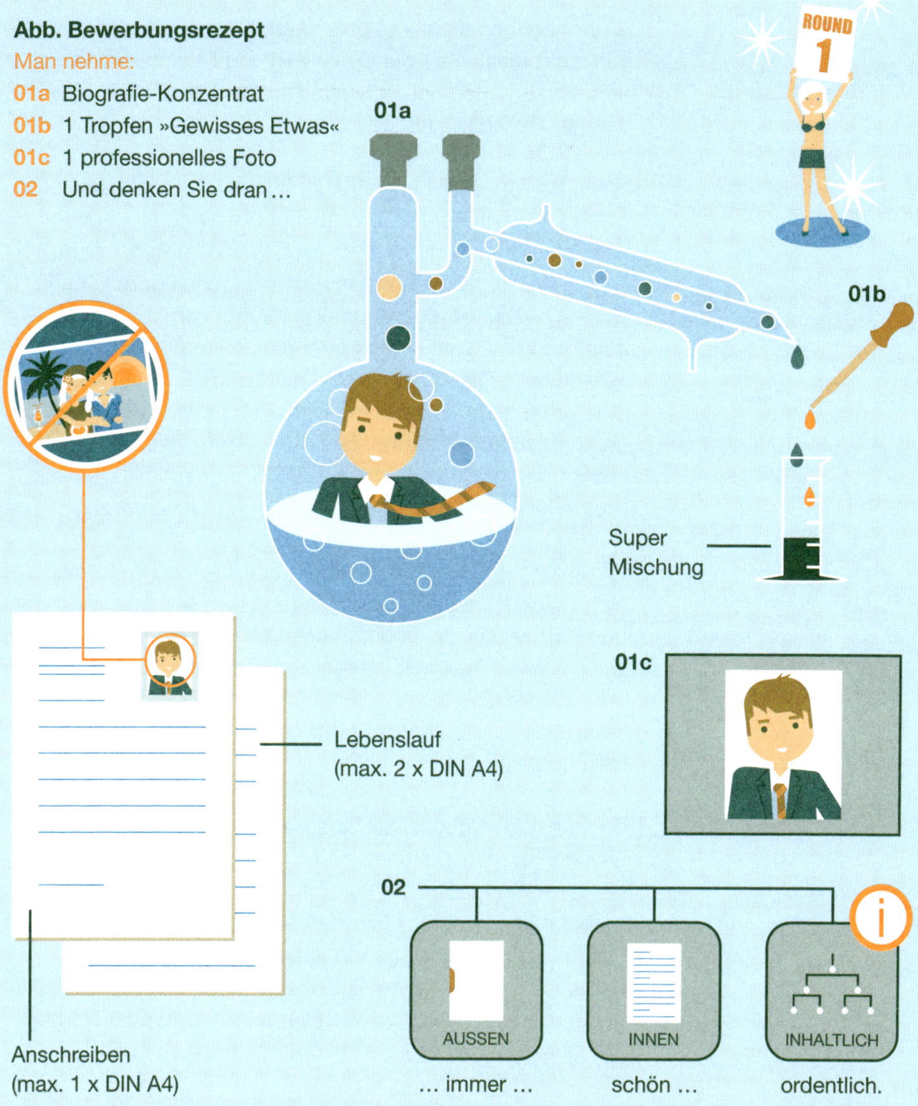

Falls Sie Schwierigkeiten haben sollten, etwas Besonderes zu Ihrer Person zu sagen, machen Sie erst mal alles richtig! Eine ordentliche, sauber gegliederte Bewerbung ist schon viel wert.

diese Angaben auch im Lebenslauf. Aber das Anschreiben verknüpft diese eher dürren Fakten und Stationen und bringt einen roten Faden hinein – in den beruflichen wie in den persönlichen Werdegang.

Wenn das Anschreiben steht, fehlt noch der Lebenslauf. Ist ja easy, sind eh nur Fakten? Nicht unbedingt. Der Peinlichkeitsfaktor kann extrem hoch sein. Wer dem Reiz erliegt, seinen Werdegang ein wenig aufzuhübschen oder Lücken zu kaschieren, ist ganz schnell weg vom Fenster. Ein Jahr durch die Welt gereist oder einfach mal ein bisschen gebummelt? Die Zeit lässt sich nicht zurückdrehen – und die Karten gehören auf den Tisch. Schönheitskorrekturen und großzügig aufgerundete Zeitangaben erweisen sich spätestens im Bewerbungsgespräch sehr schnell als fiese Stolperfalle. Und dann wird's richtig unangenehm.

Verletzungsträchtige Extremsportarten werden von potenziellen Arbeitgebern aus naheliegenden Gründen eher skeptisch betrachtet.

Viel kreativen Spielraum lässt die tabellarische Vita zwar nicht. Aber Persönlichkeit zählt auch hier. Mit aussagekräftigen Hobbys lässt sich durchaus punkten. Wer ehrenamtlich was im Verein bewegt, Jahresveranstaltungen organisiert oder Workshops stemmt, zeigt damit nicht nur Engagement, sondern auch Projekterfahrung. Also keine falsche Bescheidenheit!

Wichtig: Übersichtlichkeit ist alles. Es dürfen auch gerne weniger als zwei Seiten sein. In chronologischer Reihenfolge werden Angaben zur Person, Ausbildung und berufliche Stationen präsentiert – jeweils beginnend mit dem aktuellen Datum. Früher war es genau anders herum. Inzwischen haben sich internationale Standards auch hierzulande weitgehend durchgesetzt. Ob Schule, Ausbildung oder Beruf: Die jüngsten Entwicklungen kommen nach vorn.

➜ Stationen im Lebenslauf entschlüsseln sich nicht automatisch!

Ellen hat Archäologie studiert und bewirbt sich im Consulting. In der Mittagshitze Scherben sortieren, das ist auf Dauer nicht ihre Sache. Die Sommercamps in ägyptischen Grabstätten haben ihr jedoch sehr viel Spaß gemacht. Nicht nur fachlich. »Man wohnt über Wochen zusammen, mit anderen Studenten aus den unterschiedlichsten Ländern, und muss sich unter manchmal schwierigen Bedingungen zusammenraufen. Aber es war sehr spannend und ich habe in diesen Wochen ganz viel dazugelernt, im Umgang mit anderen Menschen.« Ellen erzählt mit leuchtenden Augen. Im Anschreiben hat sie diese Erfahrungen nicht erwähnt. Es steht ja im Lebenslauf. Der Hinweis erzählt jedoch nichts darüber, was die Aufenthalte ihr an Sozialkompetenz und interkultureller Kommunikation vermittelt haben. Was wichtig ist für eine Zukunft als Beraterin.

Ein Bild sagt mehr als tausend Worte

Erledigt. Alles ist geschrieben und sauber sortiert. Was noch fehlt, ist ein Foto. Ob das Porträt nun direkt auf dem Deckblatt prangt oder den Lebenslauf ziert, ist egal. Hauptsache, es macht wirklich was her. Besonders gelungene Schnappschüsse im Licht der untergehenden Sonne oder aussagekräftige Ganzkörperaufnahmen kommen ebenso schlecht an wie die berüchtigten Automatenbilder. Die Aufnahme sollte aktuell sein und nicht das Brillenmodell von vor drei Jahren zeigen. Auch wenn die Haare ausgerechnet an diesem Tag ganz besonders gut lagen.

€

Der Gang zum Fotografen lohnt sich auf jeden Fall. Eine professionell gemachte Porträtaufnahme ist gut investiertes Geld. Am besten noch jemanden mitnehmen. Das lockert die Stimmung und wirkt optisch manchmal kleine Wunder.

WIE TRETE ICH IM INTERVIEW AUF?

Großartig! Die erste Runde wäre schon mal überstanden. Ich bin zum Vorstellungsgespräch eingeladen, die Unterlagen müssen also überzeugend gewesen sein. Aber was kommt jetzt auf mich zu?
Ein bisschen Selbstbeweihräucherung kann zur Einstimmung nicht schaden. Die Voraussetzungen scheinen grundsätzlich schon mal zu stimmen – es besteht Interesse. Und zwar auf beiden Seiten. Ein Grund, erhobenen Hauptes in das Interview zu gehen – aber nicht zu hoch erhoben! Ein selbstbewusstes Auftreten ist wichtig. Überheblichkeit kommt allerdings direkt vor dem Fall.

Den Arbeitgeber interessieren genau zwei Punkte. Warum bewerben Sie sich? Und: Aus welchen Gründen sollte sich die Firma für Sie entscheiden? Alle weiteren Fragen werden Variationen ein und desselben Themas sein – auch der Dauerbrenner, die Frage nach Stärken und Schwächen. Eine gute Voraussetzung: Wer einigermaßen einschätzen kann, was ein Unternehmen vom Bewerber will, kann sich auch darauf vorbereiten. Indem man sich auf die Jagd nach Informationen begibt, zum Beispiel. Was genau stand in der Stellenanzeige, und was findet sich im Internet zu Geschäftsentwicklung und zu Unternehmenskultur? Kennt man jemanden, der etwas zur Firma erzählen kann? Über eine gezielte Recherche lässt sich schon eine Menge in Erfahrung bringen. Das hilft sehr, auch in puncto Lampenfieber. Denn eine gründliche Vorbereitung sorgt nicht nur fachlich für Pluspunkte. Fit im Thema zu sein ist schließlich auch das beste Mittel gegen Nervosität!

Abb. Rund ums Interview

01a Über Unternehmen informieren
01b Eigene Fragen formulieren
01c Auftreten üben
01d Zeitig zum Interview losfahren
02a Aufrecht gehen
02b Hände (fest) schütteln
02c Augenkontakt (freundlich)
02d Job eintüten

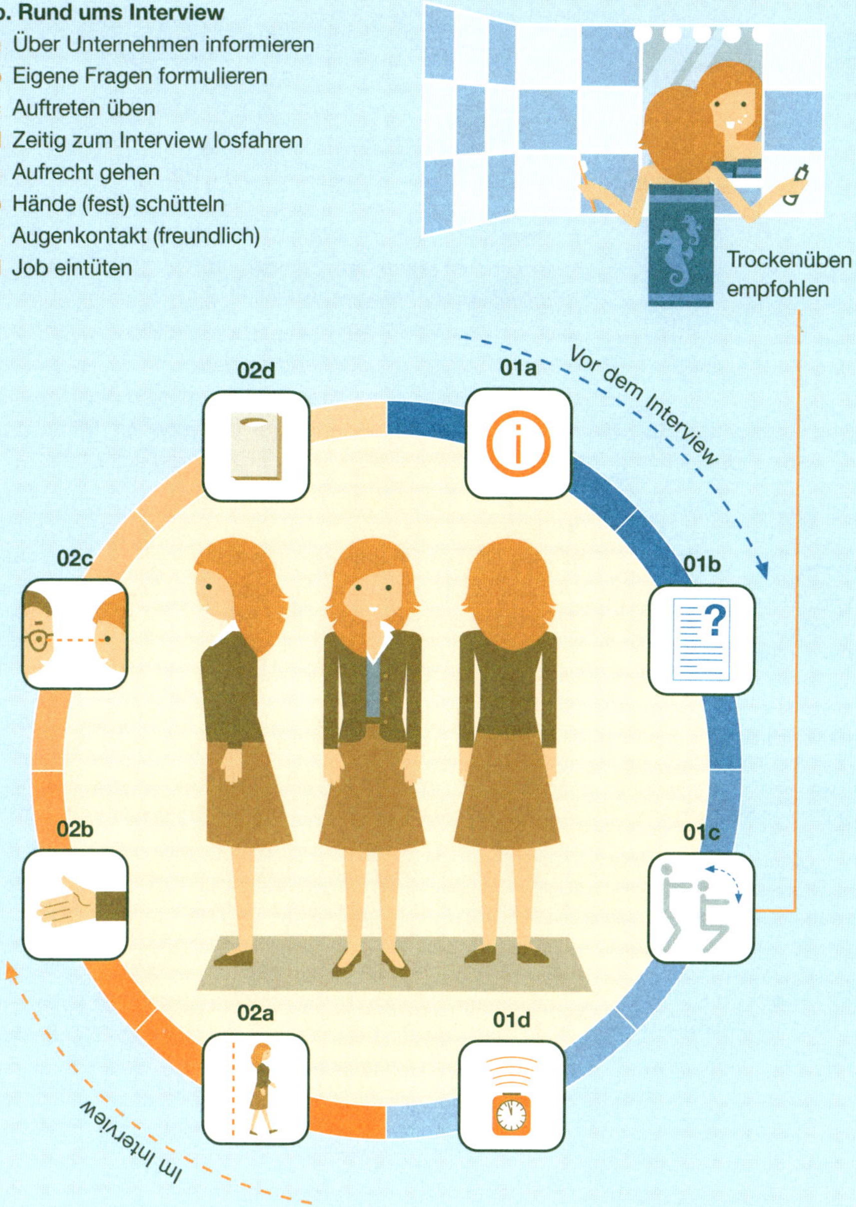

Der Lampenfieber-Faktor

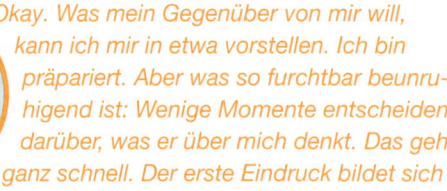

Okay. Was mein Gegenüber von mir will, kann ich mir in etwa vorstellen. Ich bin präpariert. Aber was so furchtbar beunruhigend ist: Wenige Momente entscheiden darüber, was er über mich denkt. Das geht ganz schnell. Der erste Eindruck bildet sich innerhalb von Sekunden. Jetzt kommt es drauf an. Also: Den Rücken durchgedrückt und hinein in die Höhle des Löwen. Ein Gefühl wie auf Watte zu laufen. Wenigstens steht er schon da, um mir die Hand zu geben. Oh je, jetzt wandert der Blick direkt nach unten. Die Schuhe sind nicht so der Knüller, wenigstens habe ich sie noch geputzt. Da heißt es offen und locker bleiben und den Händedruck erwidern. Alles leichter gesagt als getan.

Sicher, ein Blick in unsicher geweitete Augen, ein nervöses Knibbeln oder ein lascher Händedruck – lauter zarte kleine Wahrnehmungen, die aus dem Stand viel kaputt machen können. Wie man bei seinem Gegenüber ankommt, hängt von vielen verschiedenen Faktoren ab. Aber man kann als Bewerber einiges dafür tun, um möglichst positiv rüberzukommen. Zuallererst: In dieser Situation nervös zu sein ist völlig normal. Das weiß jeder im Raum. Der eine tut sich leichter mit so einem Auftritt als der andere. Im Zweifelsfall: Lieber ansprechen und mit einem Schuss Selbstironie für Entspannung sorgen, als aufgeregt am Nagelbett zu zupfen und vor Aufregung kein Wort herauszubringen.

Bei der Kleidung nicht knickern – Qualität hat ihren Preis. Aber man sieht sie eben auch. Über kurz oder lang muss ohnehin eine Auswahl an »guten Stücken« her. Lieber Klasse statt Masse: Einige wenige Teile, die sich gut kombinieren lassen, reichen für den Anfang. Dazu ein auffälliger Gürtel oder ein farbenfroher Schlips – so lassen sich Akzente setzen.

Vielen Menschen fällt es schwer, sich selbstbewusst zu präsentieren. Nicht jeder ist ein Naturtalent und kommt mit spielender Leichtigkeit immer gut an. Die gute Nachricht: Solche Situationen lassen sich trainieren. Beste Voraussetzung: Eine Vorstellung davon im Hinterkopf zu haben, was man sagen will. Das beruhigt immens – und schlägt sich damit auch in Tonfall und Körpersprache nieder.

So lässt sich der Auftritt üben:

- Den Rücken durchzudrücken und gerade zu gehen ist wichtig. Die Haltung bestimmt maßgeblich, wie man spricht und auf andere wirkt.
- Die Artikulation lässt sich prima in den eigenen vier Wänden üben – auch wenn man sich bei so einem Trockentraining zuerst vielleicht ein bisschen blöd vorkommt.
- Stellen Sie sich am besten frei in den Raum, das Gleichgewicht schön auf beide Beine verteilt, und legen Sie los.
- Möglichst laut und deutlich sprechen, ohne mit der Stimme runterzugehen, schwer Tempo zuzulegen oder sich ständig zu verhaspeln. Sobald es besser klappt, sind erste Zeugen zugelassen.

Was ziehe ich an?

Nur wer sich in seiner Haut wohlfühlt, wirkt auch nach außen hin selbstbewusst. Ein schweißtreibendes Erlebnis, irgendwo hinzukommen und gleich auf den ersten Blick festzustellen: Mein Outfit passt hier so gar nicht hin! Die Klamottenfrage ist ein Balanceakt, gerade im Job. Selbst wenn die Jeans selbstverständlich in den Schrank verbannt wird. Dabei pflegt jede Branche ihren Dresscode, es gibt klare Standards. Das verkürzt den Catwalk vor dem Kleiderschrank erheblich. Ein angehender Banker wird sich zum Interview nicht in seinen Lieblingsrolli werfen. Bloße Beine im Business-Kostümchen kommen auch nicht karrierefördernd an. Im Zweifelsfall lieber overdressed als zu salopp.

%

Nur 7 Prozent unserer Wirkung auf andere verdanken wir dem, was wir sagen. Das Wie ist entscheidend.

Der Anzug ist gut geschnitten, die Krawatte sitzt – damit ist es nicht getan. Ein Blick auf ungepflegte Schuhe, und schon ist die Wirkung verpufft.

Doch selbst Spielregeln helfen nur bedingt. Wenn die Bluse unter den Achseln ziept oder es ständig kneift im Schritt, ist es mit der Konzentration schnell vorbei. Wer sonst eher den lässigen Look pflegt und sich nur zähneknirschend davon löst: Die neue Garderobe auf keinen Fall halbherzig zusammenklauben. Auch Probetragen in freier Wildbahn ist von unschätzbarem Wert. Wer sich verkleidet fühlt, wirkt auch auf andere nicht besonders überzeugend.

Das hilft gegen Nervenflattern:

- Sie werden beim Warten angesprochen? Perfekt, etwas Besseres kann Ihnen nicht passieren. Unbedingt drauf eingehen, lächeln, smalltalken. Aber niemanden von der Arbeit abhalten!

- Reden! Das Gespräch aktiv in Gang bringen, zum Beispiel mit einer Bemerkung zur Anreise oder den ersten Eindrücken.

- Im Gespräch gerade sitzen, mit beiden Füßen auf dem Boden, den Po spüren und tief durchatmen.

- In der Ruhe liegt die Kraft! Langsam sprechen, nicht wie ein Wasserfall, und ganze Sätze bilden.

- Sie verstehen etwas nicht? Nachfragen! Vielleicht ergibt sich daraus ein angeregter Dialog.

- Mit Lächeln punkten! Das wirkt symphatisch – und baut Stress ab!

IM VISIER DER FRAGEN

»Haben Sie gut hergefunden?« Na, das klingt doch ganz harmlos. Klar, da will jemand auflockern. Eine gute Gelegenheit, um zu versichern, dass man natürlich gut hergefunden hat und dass der Teil des Unternehmens, den man nun schon gesehen hat, ja wirklich eine angenehme Atmosphäre ausstrahlt. Nicht zu dick auftragen. Aber ein paar freundliche Worte dürfen es schon sein. Das zeigt, dass man die Zähne auseinander kriegt. Das hat auch für Sie einen großen Vorteil: So spricht man sich schon mal ein bisschen frei. Bei der Frage nach Kaffee wird's heikler. Selbst wenn man ihn gut gebrauchen könnte: Heißgetränke lieber vermeiden! Aufgeregt sind Sie ohnehin schon. Und am Ende eine wackelige Untertasse in zitternden Händen zu balancieren, muss nun wirklich nicht sein. »Nein danke, lieber nur ein Glas Wasser«. Aber nun wird's ernst: »Erzählen Sie doch mal von sich!« Wie sich der Personaler schon erwartungsvoll zurücklehnt, in seinen Sessel. Was er will er denn von mir wissen, und wo fange ich an?

Ein Schwank aus der Jugend kommt in dieser Personenkonstellation nicht an. Immer dran denken: Ihr Gegenüber interessieren im Grunde nur zwei Dinge. Er will wissen, warum Sie sich auf den Job bewerben und aus welchen Gründen sich die Firma für Sie entscheiden sollte. Mit dieser schön offenen Frage bieten sich alle Möglichkeiten. Sie können sich auf der Stelle blamieren, weil Sie unvorbereitet sind, und bei Adam und Eva anfangen. Oder Sie nutzen die Steilvorlage, um gleich zum Einstieg ein paar unschlagbare Argumente dafür zu liefern, warum gerade Sie so geeignet sind für diese Stelle. So ein Statement lässt sich nicht einfach aus dem Ärmel schütteln. Empfehlenswert: Schon im Vorfeld einen kleinen Exkurs zum persönlichen Werdegang entwerfen. Der strandet nicht erst nach zehn Minuten im Hier und Heute, sondern kommt gleich zur Sache. Kurz und knackig den Weg beschreiben – als gerade Linie hin zu dieser Position in dieser Firma. Ein bisschen was Persönliches rundet die ganze Sache ab. Aber nur was für den Job wirklich aussagekräftig ist, gehört in die Antwort hinein.

Haben Sie Schwächen?

Keine Frage verursacht Jobsuchern mehr Bauchschmerzen als diese. Die Sache mit den Stärken lässt sich noch mit Anstand lösen. Aber die eigenen Schwächen auf dem Silbertablett zu präsentieren, wird doch wohl niemand erwarten!

Es wäre tatsächlich ein gefundenes Fressen, es hier mit der Offenheit zu weit zu treiben. Niemand geht davon aus, dass Bewerber sich selbst zum Abschuss freigeben. Ganz im Gegenteil. Aber es ist spannend zu beobachten, wie Kandidaten sich mit dieser Frage schlagen. Einfach abblocken oder cool tun – »Ich habe keine Schwächen!« – provoziert nur weiteres Bohren. Gemeint sind nicht dicke Defizite, die wir mit uns durchs Leben schleppen, sondern kleinere Unzulänglichkeiten. Fachliche Lücken oder persönliche Schwächen, die sich wahlweise auch in ein freundlicheres Licht rücken lassen. Jeder Personaler weiß, wie schwer es ist, sich zu diesen Fragen etwas einfallen zu lassen. Und genau darum geht's: Es ist ein bequemer Weg, um sehr schnell viel über den Bewerber herauszufinden. Wie gut Sie vorbereitet sind, zum Beispiel, und ob Sie auch mit heiklen Themen locker umgehen können. Vor allem signalisieren Sie mit Ihrer Antwort, wie gut Sie sich selber einschätzen können und ob Sie in der Lage sind, Ihr eigenes Verhalten zu reflektieren.

Beide Fragen, die nach den Stärken wie nach den Schwächen, gehören in einen Topf. Schließlich hat alles zwei Seiten. Jede Stärke kann auch eine Schwäche sein – und umgekehrt. Ich bin immer so ungeduldig! Wow, da steckt Dynamik drin. Man spürt förmlich, wie da jemand mit den Hufen scharrt. Entsprechend beliebt ist das Beispiel in Interviews, als Pseudo-Schwäche, die einen trotzdem gut aussehen lässt. Um den Macher zu geben und Dinge voranzutreiben, ist Ungeduld durchaus ein Motor und damit eine Qualität. Je nachdem, wo Sie sich bewerben, kann der Schuss aber auch böse nach hinten losgehen. Als Stratege oder Planer ist jemand, der ständig kurz vorm Anschlag steht, nicht gefragt. Wenn Sie sich selbst manchmal für zu perfektionistisch halten, ist wiederum sofort klar, dass Sie nicht immer von der schnellen Truppe sind. Andererseits signalisiert die Einschätzung, dass Sie einen hohen Anspruch an sich und Ihre Arbeit haben. Es ist davon auszugehen, dass Sie Ergebnisse stets genau prüfen und nicht leichtfertig aus der Hand geben. Was im Einzelfall als Stärke oder Schwäche gewertet wird, hängt also vor allem davon ab, welche Anforderungen ein Job an einen Bewerber stellt.

Was habe ich denn nur für Schwächen, die keine Schwächen sind??? Locker bleiben. Die Frage nach den persönlichen Defiziten ist irgendwie auch schon wieder ein Klischee ihrer selbst. Und kommt längst nicht in jedem Gespräch vor! Wichtig zu wissen: Was steckt eigentlich dahinter?

Auf dem Teppich bleiben!

Im Bewerbungsgespräch haben Sie es mit erfahrenen Menschen zu tun, die sehr schnell einschätzen können, wie glaubwürdig Sie sind. Sich vorausschauend ein paar Eigenschaften zurechtzulegen, die grad gut zum Job passen, hat vielleicht seinen Reiz. Im Gespräch bröckelt die Fassade allerdings schnell. Eine Superman-Performance lässt nicht unbedingt auf die Fähigkeit zur Selbstkritik schließen. Wer an sich eine eher zurückhaltende Freundlichkeit ausstrahlt, wirkt lächerlich, wenn er plötzlich auf Stimmungskanone macht. Lieber auf dem Teppich bleiben und realistische Einschätzungen liefern.

01 BEWERBEN – SO GEHT'S

Flexibel, mobil, teamfähig, belastbar – lauter tolle Eigenschaften, die in jedem Unternehmen gefragt sind. Als Schlagworte sind sie allerdings völlig austauschbar. Solche Behauptungen brauchen immer Futter.

Sie wollen sich als Teamplayer präsentieren? Dann heißt es: Beispiele finden. Am besten machen Sie Selbsteinschätzungen an ganz konkreten Situationen fest. Sie können erzählen, dass Sie schon immer ein Händchen dafür hatten, ein gutes Betriebsklima zu schaffen, und als Praktikantin ein Netzwerk organisiert haben, um den gegenseitigen Austausch zu fördern. Stereotypen herunterzuleiern ist langweilig. Was lebhaft erzählt wird, bleibt in Erinnerung. Das funktioniert besonders gut, wenn es um – jobrelevante! – Dinge geht, die einem wirklich am Herzen liegen. Die Richtung mitzubestimmen liegt auch an Ihnen. Ein Bewerbungsinterview ist schließlich kein Frage- und Antwort-Spiel. Sobald sich ein Dialog entwickelt, läuft alles sehr viel entspannter. Also nicht auf das Finale warten – »Haben Sie noch Fragen?« – , sondern die Sache selbst in die Hand nehmen und bei jeder sich bietenden Gelegenheit interessiert nachhaken. Welche Erwartungen hat die Firma an Sie, und mit wem arbeiten Sie zusammen? Könnten Sie vielleicht einen Probetag einlegen, um den Arbeitsplatz kennenzulernen? Fragen gibt es genug. Kein Grund, sie nur von der anderen Seite stellen zu lassen.

⚠ Mag sein, dass dem Gesprächspartner Ihre Nase nicht passt. **Kein Grund trotzig zu reagieren.** Bloß keine Vorurteile unterstellen!

Abb. Interview-Don'ts

01 zu viel Selbstbewusstsein
02 zu viel Unterhaltung
03 zu viel Kommunikation

… und all das hat ja auch noch eine Vorgeschichte …
03

Abb. Interview-Do:
Auf dem Teppich bleiben

Wer die Nerven des Personalers überstrapaziert, riskiert einen schlechten Eindruck. Und Vorsicht: Lieber keine große Show abziehen, das wirkt unglaubwürdig.

BELIEBTE FRAGEN – UND WAS SIE BEDEUTEN

Was wissen Sie über unser Unternehmen?	Im Klartext: Haben Sie sich mit unserem Unternehmen auseinandergesetzt und sich gezielt für eine Bewerbung bei uns entschieden? Wem hier nichts einfällt, ist selber schuld.
Was wollen Sie in den nächsten drei bis fünf Jahren erreichen?	Keine hochfliegenden Pläne entwerfen, sondern in Schritten denken. Wenn Sie den angestrebten Job gut machen und sich weiterempfehlen wollen, gehen schon mal drei Jahre ins Land.
Wie definieren Sie Erfolg?	Auf gut Deutsch: Was werden Sie für Ihren Erfolg und den Erfolg des Unternehmens tun?
Welches Gehalt erwarten Sie?	Ebenso heikel wie wichtig. Zeigt, ob Sie auf Zack sind. Im Vorfeld informieren. Es finden sich zahlreiche Gehaltstabellen online, aber auch Berufs- und Branchenverbände helfen weiter.
Was war eine schwierige Situation in ihrem Leben	»*… und wie haben Sie sie bewältigt?*« Sehr beliebte Frage. Je anschaulicher, desto besser. Humor schadet nicht. Aber: Private Probleme bleiben aus dem Spiel.
Warum wechseln Sie nach so kurzer Zeit den Job?	Lassen Sie sich NIEMALS dazu verführen, schlecht über frühere Kollegen, Vorgesetzte oder Professoren zu sprechen! Ihr Gegenüber kann an fünf Fingern abzählen, was Sie bei anderer Gelegenheit über die neue Firma zu sagen haben werden.

FETTNÄPFCHEN IN DER BEWERBUNGSPHASE

Die Einladung zur persönlichen Runde erreicht den Bewerber häufig telefonisch.
Spaßvögel, die ihren Anrufbeantworter vor dem Piepston mit besonders kreativen Einlagen garnieren, wirken nicht besonders seriös. Auch wenn's fad klingt: Während der Bewerbungsphase einen nüchtern-sachlichen Spruch einfallen lassen!

Zu spät!
In letzter Minute abgehetzt zum Interview zu erscheinen lässt auf eine eher lässige Haltung im persönlichen Zeitmanagement schließen. Und geht auf Kosten der Konzentration. Großzügige Zeitpuffer für die Anreise einplanen – im Zweifelsfall lieber noch eine Runde um den Block drehen.

Handy aus!
Im Kino gibt's die Aufforderung frei Haus, Bewerber müssen selbst dran denken.

Klar kann ich das!
Prahlereien fliegen schneller auf, als man denkt. Wer sich mit verhandlungssicheren Englischkenntnissen schmückt, sollte die Probe aufs Exempel auch dann überstehen, wenn sich sein Gegenüber als Native Speaker entpuppt.

Ich verstehe gar nicht, was Sie mit dieser Frage wollen!
Äußerungen dieser Art nehmen mit Sicherheit nicht für Sie ein.

Noch Fragen?
Sich hier in erster Linie nach Konditionen zu erkundigen dokumentiert eine ausgeprägte Anspruchshaltung.

2

DIE ERSTE WOCHE

Fragen über Fragen – den neuen Job in den Griff zu kriegen ohne die Nerven zu verlieren, ist gar nicht so einfach. Aber nach einer Woche sieht alles schon ganz anders aus!

So viel Neues kann sich niemand auf einen Schlag merken! Aber wer aufmerksam ist, Interesse zeigt und zielführende Fragen stellt, sichert sich auch als Neuling Sympathien.

Sicher, für das Vorstellungsgespräch sind schon die ersten Ausgaben getätigt. Aber dabei bleibt's nicht.

Es gibt ein paar todsichere Methoden, um es sich auf Anhieb mit Chef und Kollegen zu verscherzen. Lieber schön in der Reserve bleiben und mit offenen Augen verfolgen, was so passiert.

02 # DIE ERSTE WOCHE

JETZT GEHT'S UM WAS!

Kaum zu fassen – ich habe den Job! Was für ein Moment, die Zusage aus dem Briefumschlag zu ziehen. Eine Riesenerleichterung. Vorbei, das Ringen um Formulierungen. Keine schlaflosen Nächte mehr, aus Furcht vor einem Kreuzfeuer an Fragen, die ich nicht beantworten kann. Es ist entschieden: In diesem Unternehmen fange ich an!
Die Party ist allerdings schnell wieder vorbei. Und es schleicht sich dieses mulmige Gefühl ein: Nach dem Spiel ist vor dem Spiel. Die Tinte unter dem Vertrag ist noch nicht trocken, da melden sich auch schon leise Zweifel. Was erwartet mich eigentlich an meinem neuen Arbeitsplatz? Wie sind die Kollegen? Muss ich vom ersten Tag an voll durchstarten?

Sicher ist eins: Die ersten 100 Tage im Job sind kein Zuckerschlecken. Alles ist neu. Überall unbekannte Gesichter, fremde Büros und überhaupt kein Plan davon, wie die Arbeit in der neuen Firma eigentlich abläuft. Es ist ein Schritt in eine andere Welt, deren Regeln man noch nicht kennt. Manche Jobeinsteiger werden richtig nett empfangen und kriegen sogar einen Mentor an die Seite, der ihnen den Einstieg erleichtert. Die Regel ist das nicht. Wie auch immer: Es wird eine stressige Zeit, mit relativ unabsehbaren Arbeitszeiten und heiklen Fragen im Zwischenmenschlichen. Wer weiß, vielleicht erwartet Sie ein cholerischer Chef, der ständig das Rumpelstilzchen gibt und seine Mitarbeiter nach allen Regeln der Kunst zusammenstaucht. Und wie Ihr Team so drauf ist, wissen Sie auch nicht. Bevor es richtig losgeht, ist deshalb ausgiebiges Entspannen angesagt, am besten mit viel Bewegung an der frischen Luft. Denn wie viel Zeit in den nächsten Monaten zum Joggen bleibt, steht in den Sternen. Rausgehen, Freunde treffen und die Partnerschaft pflegen. Dafür ist jetzt genau der richtige Moment. Mit dem ersten Arbeitstag ist es erst mal vorbei mit dem süßen Leben!

Den ersten Tag nicht dem Zufall überlassen

Einigermaßen entspannt? Dann kann's ja losgehen, mit der Vorbereitung auf den Job. Denn der fängt nicht erst im Unternehmen an. Wer sich vorab reinkniet und sich möglichst umfassend Informationen verschafft, erspart sich in den ersten Wochen eine Menge Stress. Je konkreter die Vorstellung davon ist, wie die neue Firma organisiert ist und was die neue Stelle an Aufgaben bringt, desto besser. Geschäftsfelder, Standorte, Mitarbeiterzahl und Leistungen – Website, Firmenbroschüren und Medienberichte bieten schon mal einen guten Überblick. Und auch ein Organigramm, das die Verbindungen der verschiedenen Abteilungen zueinander veranschaulicht, sollte sich finden lassen. Als Jobeinsteiger fangen Sie schließlich nicht bei null an. Schon für die Bewerbung haben Sie Material zum Unternehmen rausgesucht.

Wie der Laden wirklich tickt, das erfahren Sie erst nach dem ersten Arbeitstag. Infos aus erster Hand lassen sich vielleicht vorab bei angehenden Kollegen erfragen. Beim Schnuppertag schon erste Kontakte geknüpft? Die beste Voraussetzung, um bei einem Bierchen einige der wirklich wichtigen Spielregeln zu erfahren: die ungeschriebenen (siehe S. 66).

02 DIE ERSTE WOCHE

Es muss ja kein Blumenstrauß sein …

Ich habe zwar nicht damit gerechnet, dass alle vor Freude völlig aus dem Häuschen sind, wenn ich hier auftauche. Aber mehr als ein Kopfnicken dürfte schon drin sein. Was für ein blöder Haufen, mich hier einfach so stehen zu lassen. Soll ich jetzt den ganzen Tag Prospekte lesen, oder was?
Okay, nehmen wir den Umgangston hier mal nicht persönlich. Vielleicht hat mich niemand angekündigt. Mache ich also lieber nicht gleich auf schlechte Stimmung. Hier scheint es ohnehin gerade ziemlich rundzugehen. Vielleicht drehe ich erst mal eine Runde durch die Abteilung und suche das Sekretariat. Die können mir sicher sagen, wo ich mir Unterlagen holen kann und wer mir mit dem Computer hilft.

Augen zu und durch!

Ein eher spröder Empfang ist Alltag. Es braucht nur jemand vergessen, Bescheid zu sagen, und schon steht ein neuer Mitarbeiter wie belämmert da. Mit Schikane hat das nichts zu tun. Schließlich platzen Neulinge mitten in den ganz normalen Alltagswahnsinn der anderen hinein. Und die Kollegen stehen meistens selbst unter Druck. Beleidigt gucken ist deshalb wenig hilfreich. Und auch ein flotter Spruch auf den Lippen setzt dem allgemeinen Stress nur noch die Krone auf. Freundliche Zurückhaltung ist das Gebot der Stunde. Viel sehen, viel hören, wenig sagen – das gilt nicht nur am ersten Tag im Job. Möglich, dass Ihr Ansprechpartner gerade irgendwo in einem Meeting unterwegs ist und eine Stunde später mit freundlichstem Lächeln auftaucht. Bis dahin brauchen Sie gute Haltungsnoten. An Ort und Stelle zu verharren und auf besseres Wetter zu warten, bringt nichts und wirkt wenig dynamisch.

Abb. Der erste Tag

01 hohe Erwartungen herunterschrauben

02 Orientieren

Sollte das Empfangskommittee Sie vergessen haben – keine Panik. Atmen Sie weiter und orientieren Sie sich.

DIE ERSTE WOCHE

Wenn sich niemand um Sie kümmert, nehmen Sie die Zügel selbst in die Hand. Den Weg ins Sekretariat zu suchen ist eine sehr gute Idee. Dort laufen alle Fäden zusammen. Hier erfahren Sie, wer wofür zuständig ist – und verschaffen sich auch sofort einen guten Draht zum Vorzimmer. Niemand erwartet, dass Neue gleich in den ersten Stunden fachlich glänzen. Aber es ist Fingerspitzengefühl gefragt, um sich einen ersten Überblick zu verschaffen, ohne gleich die ganze Mannschaft zu nerven.

➔ Schrittweise Einarbeitung

Jan ist Elektrotechniker und fängt bei einem Hersteller für technische Anlagen an. Es ist sein erster Job nach dem Diplom. Geradezu euphorisch hat er diesem Neustart entgegengefiebert. Ein super Job in einem tollen Unternehmen! Gleich die ersten zwei Tage drosseln seine Begeisterung allerdings gewaltig. »Geduld ist gefragt«, stellt er leicht genervt fest. Eine gezielte Begleitung in den neuen Arbeitsbereich findet nicht statt. Mal übernimmt der Chef einen Teil der Einarbeitung, ein anderes Mal springt ein Kollege ein. Alles zwischen Tür und Angel. »Ich muss viel öfter nachfragen, als mir lieb ist«, stellt Jan fest. »Und die Kollegen haben selbst einen Berg Arbeit auf dem Tisch.«

Technische Errungenschaften können für viel Ärger sorgen! Und auch das ist wichtig: Muss das Handy am Arbeitsplatz ausgestellt werden, und wie steht es mit privaten Mails?

Wer nicht fragt, bleibt dumm!

Woher sollen Sie wissen, wer für das Projekt XY zuständig ist, wie das Buchungssystem funktioniert und mit wem Sie Ihre Ergebnisse abstimmen? Als Neuling haben Sie einen gewissen Bonus. Nutzen Sie ihn, er hält nicht ewig. Jeder

Betrieb erwartet, dass neue Mitarbeiter Fragen stellen. Es wäre befremdlich, wenn Ihnen von Anfang an alles klar wäre. Oder Sie zumindest so tun würden. Peinlich werden Fragen erst dann, wenn sie zu spät gestellt werden. Wochenlang immer schön zu nicken und dann bei einer grundlegenden Sache auf dem falschen Fuß erwischt zu werden kostet erheblich Respekt. Deshalb ist es ganz wichtig, von Anfang an gut zuzuhören und nachzuhaken, wenn man etwas nicht versteht. Kluge Fragen, die auf den Kern einer Sache zielen, haben nichts Peinliches an sich, sondern führen weiter. Aufmerksamkeit und Interesse für die Abläufe in der Firma zu zeigen signalisiert Motivation und den guten Willen, sich zügig einarbeiten zu wollen. Entscheidend ist natürlich, wie Sie Informationen einholen. Wild drauflos zu fragen und bei jeder Gelegenheit mit Detailfragen anzukommen, wirkt im Joballtag wie Sand im Getriebe und stellt die Geduld der Kollegen auf eine harte Probe. Dann doch lieber mit System. Es kommt besser an, offene Punkte zu bündeln und damit gezielt auf Ansprechpartner zuzugehen, die einem in der Sache weiterhelfen können. Es hilft, sich aufzuschreiben an welchen Stellen es noch Unklarheiten gibt und mit einer Liste von Fragen ins Gespräch zu gehen. So lässt sich mit den Kollegen auch schon im Vorfeld leichter ein Termin abstimmen, der ihnen passt. Denn eins ist sicher: Nicht nur Sie finden es nervig, wichtige Punkte zwischen Tür und Angel zu besprechen.

Nicht richtig aufgepasst? Kein Drama, wenn Sie nicht behalten haben, wie die Datenbank funktioniert. Aber es ist auch nicht nötig zu vermitteln, dass ein größerer Teil der Erklärungen komplett an Ihnen vorbei gegangen ist. Lieber so: »Hätten Sie vielleicht noch ein paar Minuten Zeit für mich? Ich habe über unser Gespräch von gestern nachgedacht, und dabei ist mir ein ganz wichtiger Punkt aufgefallen …«

Abb. Ganz wichtig am Anfang:

EXTRA

IN LOHN UND BROT

KLASSE, WENN ENDLICH REGELMÄSSIG GELD AUF DAS KONTO KOMMT!

Aber Moment mal – warum soll das denn jetzt auf einmal was kosten?
Tja, auch finanziell ändert sich mit dem ersten Job einiges. Bei den Eltern mitversichert – das war gestern. Das Girokonto ist nicht mehr gebührenfrei, eine Berufsunfähigkeitsrente muss her, und das Finanzamt hat Sie jetzt auch im Visier.

WAS BRAUCHE ICH DENN FÜR DEN ANFANG?!

- Ein möglichst günstiges Girokonto. Neben der Höhe der Gebühren ist die Dichte und Verteilung kostenlos nutzbarer Geldautomaten interessant. Sonst zahlen Sie ständig drauf.

- Das nehmen Sie direkt am ersten Tag mit in die neue Firma: Kontonummer, Lohnsteuerkarte – gibt's beim Finanzamt am Wohnsitz –, Angaben zur Krankenkasse und Sozialversicherungsnummer (bei der Krankenkasse anfordern, falls noch nicht vorhanden).

- Wer Mitglied in einer Gesetzlichen Krankenversicherung ist, kann sich an diesem Punkt entspannen. Arbeitgeber und Kasse schließen sich kurz, die Krankenkasse meldet sich dann bei Ihnen. Wollen Sie die Kasse wechseln, ist das jetzt ein günstiger Zeitpunkt. Auch Jobeinsteiger, die vorher privat versichert waren, sollten sich schleunigst einen neuen Anbieter suchen. Ihr Jahresgehalt liegt in der Regel deutlich unter dem von der PKV erwarteten Limit von 48 000 € jährlich.

LEBEN IST RISIKO. Aber deshalb brauchen Sie jetzt nicht anzufangen, sich wie wild in alle Richtungen hin zu versichern. Beim Start in den Beruf stehen im Grunde nur zwei Versicherungen an: eine private Haftpflichtversicherung und der Abschluss einer Berufsunfähigkeitspolice. Wer durch einen dummen Fehler einen Mordsschaden anrichtet, kann sich finanziell im Nu ruinieren. Eine Haftpflichtversicherung leuchtet daher jedem ein. Bei der »BU« sieht das anders aus. Die Berufsunfähigkeit zählt zu den am meisten unterschätzten

Bei den Eltern mal in den Schrank gucken. Häufig existieren eine ganze Reihe von Versicherungen und Sparverträgen, die schon im Kindesalter abgeschlossen worden sind.

Jobeinsteiger haben wenig Ahnung von Finanzen. Zahlungsverkehr? Private Vorsorge? Geldanlage? Zwei Drittel der Befragten konnten damit überhaupt nichts anfangen, so eine Umfrage von NFO Infratest.

Versorgungsrisiken. Klar, wer stellt sich am Anfang seiner Karriere schon gerne vor, dass er demnächst vielleicht im Rollstuhl sitzt? Dabei muss es gar nicht so weit kommen, damit der Versicherte nie wieder voll arbeiten kann. Auch wenn eine Krankheit oder ein Unfall einen vorübergehend lahmlegt oder eine berufliche Neuorientierung finanziert werden muss, sichert die Police den Lebensunterhalt ab. Ganz wichtig: Je eher Sie die BU abschließen, desto besser, denn sie wird mit jedem Lebensjahr teurer.

WILLKOMMEN IM CLUB! Steuern sind ein eher unangenehmes Thema. Das zeigt sich schon bei der ersten Gehaltsabrechnung. Brutto ist eben nicht netto. Ab heute heißt es deshalb: Belege sammeln! Quittungen für Fachbücher, den auch beruflich genutzten Computer, Spenden, Sprachkurse, aber auch Rechnungen für medizinische Kosten von der Praxisgebühr bis zur Kontaktlinse können sich ganz schön summieren. Wer mit seinen Werbungskosten über der Pauschale von 920 Euro liegt, spart mit jedem weiteren Euro an Ausgaben bares Geld. Berufspendlern zum Beispiel gelingt das locker. Auch Kosten, die bei der Jobsuche angefallen sind, lassen sich absetzen. Wer schon vorher weiß, dass erhebliche Ausgaben auf ihn zukommen, etwa weil er jedes Wochenende zu seinem Hauptwohnsitz fährt oder eine teure Fortbildung ansteht, kann sich die voraussichtlichen Kosten bereits im laufenden Jahr auf die Lohnsteuerkarte eintragen lassen. Das hübscht das Nettogehalt ganz kräftig auf!

Für den neuen Job in eine andere Stadt gezogen? Auch daran beteiligt sich der Staat. Möbelspedition, Inserate oder neuer Telefonanschluss – alles zählt. Wenn sich die Kosten in Grenzen halten, kann die Umzugskostenpauschale ergiebiger sein.

DIE FIRMA SPART MIT. Viele verzichten Monat für Monat ungewollt auf etliche Euro vom Chef. Erkundigen Sie sich, ob die neue Firma **vermögenswirksame Leistungen** als Arbeitgeberzuschuss zahlt. Je nach Branche und Tarifvertrag kann es bis zu 40 Euro zusätzlich zum Gehalt geben. Die Finanzspritze fließt in Fondssparpläne, Bausparverträge oder Versicherungen. Und das Sahnehäubchen kommt zum Jahresende obendrauf – mit der Arbeitnehmer-Sparzulage.

02 DIE ERSTE WOCHE

NETTIKETTE

Jetzt bin ich schon fast eine Woche hier – und hätte nie gedacht, dass es am Anfang so viele verschiedene Baustellen gibt. Aber es gibt fachlich schon so viel zu fragen. Da kann ich den Leuten doch nicht auch noch mit Banalitäten wie der Kaffeekasse kommen. Ich habe noch nicht einmal herausgefunden, wie das Aufräumen in der Teeküche geregelt wird. Vielleicht warten auch schon alle darauf, dass ich einen Kuchen oder was zum Anstoßen mitbringe, um meinen Einstand zu feiern. Wobei: Macht das in der Probezeit überhaupt Sinn?

Im Internet werden Sie diese Infos wohl kaum finden. Und Sie wollen doch nicht den Zorn Ihrer Kollegen auf sich ziehen, weil das mit dem Einräumen der Spülmaschine nicht so läuft, wie die es gerne hätten. Es hilft nichts: Um die vielen kleinen und größeren Regeln kennenzulernen, die in der Zusammenarbeit so unendlich vertrauensbildend und wichtig sind, brauchen Sie vor allem gute Tipps. Wie und wann ein Einstand gegeben wird, in welcher Form Geburtstage gefeiert werden und ob die Kollegen nach der Arbeit auch mal gemeinsam ein Bier trinken gehen – das alles ist von Betrieb zu Betrieb und Abteilung zu Abteilung ganz unterschiedlich geregelt. Wenig erfolgversprechend: Sich den Erstbesten zu krallen, um ihn mit Fragen nach Kaffeekasse und Kantinengang zu torpedieren, während der gerade mit hochrotem Kopf über Zahlenkolonnen brütet. Sehen Sie sich nach einem erfahrenen Kollegen um, der sich im Betrieb auskennt, und nehmen Sie ihn in einer ruhigen Minute beiseite. »Was ist denn hier so üblich?« Diesen Spruch werden Sie häufiger über die Lippen bringen müssen. Manche Spielregeln lassen sich aber auch durch Beobachtung herausfinden. Wie es mit dem Duzen und Siezen gehalten

Abb. Nettikette

01 Namen von Kollegen merken

02 Das »Du« bietet der Ranghöhere an. Falls nötig, Duz-Angebot höflich (aber bestimmt) ablehnen

Wen darf ich duzen, wen siezen – und wie heißen die eigentlich alle? Keine Panik: Niemand zieht ein langes Gesicht, wenn Sie in der ersten Woche noch nicht alle Namen kennen.

wird, bekommen Sie wahrscheinlich gleich am ersten Tag ziemlich umstandslos mit. Andere Fragen eröffnen sich erst im Laufe der Zeit. Gehen mittags alle gemeinsam essen, gibt es einen Stammtisch, und wie sieht es mit Feiern im Büro aus? Es lohnt sich, früh genug Bescheid zu wissen. Im Zwischenmenschlichen sind die Fettnäpfchen besonders tief.

Ein Duz-Angebot unter Kollegen? Lieber Augen zu und durch. So ein Angebot abzulehnen beschwört Kollateralschäden förmlich herauf. Das lohnt sich nicht.

Duzen oder Siezen?

Da haben es Jobeinsteiger ausnahmsweise ganz leicht. Am Anfang werden grundsätzlich alle gesiezt – und dann mal gucken, welche Reaktionen kommen. Man bekommt schnell mit, was intern üblich ist. In eher lässig angehauchten Branchen ist zwar meistens kollektives Duzen angesagt. Allgemein hat das deutsche Du jedoch noch immer eine eher intime Note. In manchen Firmen hat sich deshalb eine dem Angelsächsischen entlehnte Mischform aus Vornamen und Sie durchgesetzt. Klar: In einer Werbeagentur wird ein anderer Tonfall angeschlagen als in den hochförmlichen Etagen von Banken und Versicherungen. Doch selbst dort geht es selten ganz ohne Du ab. Und an der Stelle wird es dann auch schon komplizierter. Denn wer gehört denn nun zum erlauchten Kreis der Duzer – und wer bietet es wem an? Meistens handelt es sich um Kollegen, die sich schon sehr lange kennen oder besonders intensiv zusammenarbeiten, etwa in gemeinsamen Projekten. Auch das ist übrigens nicht ohne. Wenn Joachim auf einmal Karriere macht und die Chefrolle übernimmt, könnte sich eine gewisse formelle Distanz als durchaus segensreich erweisen. Solche Zwickmühlen müssen Sie als Neuling jedoch nicht belasten. Mit dem Sie gehen Neue auf Nummer sicher. Passen Sie sich einfach dem an, was üblich ist, und merken Sie sich ein paar Grundregeln: Das Du bietet immer der Ranghöhere an, unabhängig vom Alter, und bei gleichrangigen Kollegen diejenigen, die am längsten in der Abteilung sind. Wer angeduzt wird, darf zurückduzen. Heikel wird es, wenn Ihnen jemand das Du anbietet, den Sie lieber ein bisschen auf Abstand hielten. Das kann auch der Chef sein. Den halten Sie sich mit formvollendeter Höflichkeit vom Halse (»Ihr Vertrauen freut mich sehr! Haben Sie vielen Dank für das Angebot, aber ich würde es lieber beim Sie belassen. Nicht dass es in der Abteilung zu Missverständnissen kommt«).

Namen, Namen, Namen

So ein Mist! Mit dem Kollegen standen Sie doch gestern noch in der Kantine und haben angeregt über die skurrilen Vorlieben der Küche diskutiert. Wie hieß er denn noch? Kaum jemand kann sich die ganzen Gesichter und Namen merken, die einem in der Anfangszeit über den Weg laufen. Keine Panik, das kommt schon. Hauptsache, Sie eiern nicht herum und ringen peinlich berührt um Worte. Herr Schmidt wird es verkraften, wenn Sie ihn verbindlich grüßen und dabei auf die Anrede verzichten. Solange er merkt, dass Sie ihn – na klar – wiedererkennen und auch noch wissen, worüber Sie beim letzten Mal gesprochen haben.

Das hilft:

- Kleine Erinnerungslücken lassen sich locker überspielen. Gehen Sie kurz auf die letzte Begegnung ein und stellen Sie eine Frage in den Raum. Schon ist der Dialog in Gang. Auf Dauer sollten Sie sich allerdings schlaumachen, wen Sie da vor sich haben. Es kommt immer gut an, Gesprächspartner beim Namen zu nennen.

- Ihrem Gedächtnis können Sie mit einem kleinen Rundgang durch die Etage auf die Sprünge helfen. Unterziehen Sie die Schilder an den Bürotüren einer intensiven Betrachtung – so lassen sich die Namen von Kollegen leichter merken.

- Eselsbrücken helfen nur bedingt. Wer beim Meier im Vertrieb an Speier denkt, könnte im entscheidenden Moment ganz schön dumm aussehen. Außerdem sind Gedankenstützen ohnehin oft wie weggeblasen, sobald man unter Druck steht oder auf viele Unbekannte gleichzeitig trifft.

- Genau zuhören, im Zweifelsfall nachfragen – und dann bei der Sache sein. Denn wenn Sie vor lauter über-den-Namen-Nachgrübeln nicht mitkriegen, was der Schmidt eigentlich von Ihnen will, dann wird es wirklich peinlich.

Einstand feiern

Lassen Sie sich nicht stressen. Auch wenn die Kollegen drängeln: Der passende Zeitpunkt für einen Umtrunk im Kollegenkreis ist dann erreicht, wenn Jobeinsteiger sicher sein können, dass sie übernommen werden. Also nach der Probezeit. Auf jeden Fall gilt es, mit spitzen Fingern zu sondieren: Alkohol – ja oder nein? Fingerfood oder ein selbst gebackener Kuchen? Jede Firma pflegt auch in dieser Hinsicht ihre ganz eigenen Rituale. Gewöhnlich bringen gut informierte Kreise, wie das Sekretariat oder erfahrene Kollegen, Neulinge auf den Stand der Dinge. Wo, wann, wie – Ort, Zeit und Umfang sollten Sie unbedingt erfragen. In manchen Betrieben sind Feiern am Arbeitsplatz grundsätzlich verboten, andere sehen einen Zeitpunkt nach Dienstschluss vor. Wo Sekt oder Bier akzeptiert (und auch erwartet!) werden, kommen Events in Feierabendnähe besser an als in der Mittagspause. Klären Sie ab, welcher Rahmen von Ihnen als Neuling erwartet wird, und übertreiben Sie's nicht. Schließlich feiern Sie nicht Ihr zwanzigjähriges Dienstjubiläum. Ganz wichtig: Denken Sie an den Terminkalender Ihres Chefs! Vorgesetzte reagieren allergisch, wenn derlei Aktivitäten an ihnen vorbei geplant werden.

Wer hat von meinem Tellerchen gegessen?

Küchen sind ein ganz besonders kommunikativer Ort. Das ist im Job nicht anders als im Privatleben. Nirgendwo schnellen die Sympathiewerte schneller in die Höhe als beim kurzen Plausch vorm brodelnden Wasserkocher. Man wechselt ein paar Worte, erfährt etwas Neues, entdeckt Gemeinsamkeiten und geht zufrieden mit seiner dampfenden Tasse wieder zurück an den Platz. Alles könnte so schön sein. Wenn es nicht immer dieselben wären, die sich den letzten Rest Kaffee einschenken, garantiert keinen neuen kochen und ihre dreckigen Tassen penetrant in der Gegend rumstehen lassen. »Immer ich!« Irgendjemand fühlt sich in jedem Betrieb als Putze vom Dienst. Das ist quasi ein Naturgesetz. Weil er – meistens sie – sich am Ende doch wieder erbarmt, um Stapel von benutztem Geschirr einer Reinigung zuzuführen. Versteht sich von selbst, dass Sie nicht die Macho-Tour fahren, sondern Ihren Dreck selbst wegräumen und nachfragen, wie der Dienst üblicherweise geregelt ist.

Abb. Küchenfee

Hallo. Ich habe mich noch nicht vorgestellt: Ich bin der Neue …

Mit leichter Hand mal eben für Ordnung zu sorgen bringt vielleicht Sozialpunkte. Birgt auf Dauer aber ein hohes Risiko. Den undankbaren Küchenjob haben Sie dann ganz schnell selbst an der Backe.

02 DIE ERSTE WOCHE

WIE FINDE ICH MEINEN PLATZ IM TEAM?

Ich habe keine Ahnung, was die hier eigentlich von mir erwarten! Manche schauen wenigstens interessiert rüber, wenn ich an ihrem Büro vorbeilaufe, aber einige sind wirklich megastur. Auch die Teambesprechung gestern ist irgendwie merkwürdig gelaufen. Dabei hatte ich so eine tolle Idee, wie man diesen Prozess optimieren könnte! Komisch, dass die darauf kein bisschen angesprungen sind. Ein bisschen mehr Anerkennung hätte ich schon erwartet. Ist doch nicht selbstverständlich, dass sich Neue gleich so konstruktiv einbringen!

Die ersten Wochen und Monate entscheiden nicht nur darüber, ob Sie die Probezeit überstehen. Vom Einstieg hängt auch die weitere Karriere im Unternehmen ab. Ziel dieser ersten Zeit ist es natürlich, dem Arbeitgeber ein möglichst optimales Bild von sich zu präsentieren. Genauso aufmerksam wie die fachlichen Leistungen wird jedoch registriert, wie sich Greenhorns in das neue Team einfügen. Sie müssen nicht nur Ihren Chef, sondern auch die neuen Kollegen von sich überzeugen. Selbst für ausgesprochen kommunikative Typen gestaltet sich das oft schwieriger als gedacht. Schließlich treffen Jobeinsteiger auf eine eingespielte Gruppe, in der die Rollen klar verteilt sind. Eine neue Firma ist wie ein Dickicht aus lauter verästelten und schwer durchschaubaren Strukturen. Da gibt es Klatsch und Klüngel, Freund und Feind, alles bunt gemischt am Mikrokosmos Arbeitsplatz. Nichts ist wichtiger für das eigene Standing, als dieses wirre Beziehungsgeflecht möglichst schnell zu durchschauen. Ein großer Teil des täglichen Miteinanders im Betrieb verläuft auf einer ritualisierten Ebene mit ganz eigenen Regeln. Wer die Antennen ausfährt und mit offenen Augen unterwegs ist, bekommt schnell einen Blick dafür.

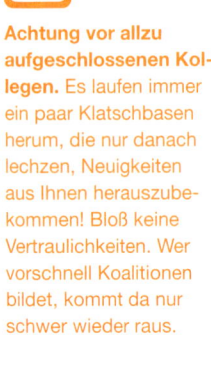

Achtung vor allzu aufgeschlossenen Kollegen. Es laufen immer ein paar Klatschbasen herum, die nur danach lechzen, Neuigkeiten aus Ihnen herauszubekommen! Bloß keine Vertraulichkeiten. Wer vorschnell Koalitionen bildet, kommt da nur schwer wieder raus.

Gehen Sie nicht davon aus, dass alle sofort supernett zu Ihnen sind und Sie auf Anhieb akzeptieren. Neulinge werden gerne erst einmal ein bisschen auf Abstand gehalten, kritisch beäugt und auf die Probe gestellt. Erwartet wird, dass die Neuen selbst aktiv werden. Schließlich sind Sie es, die auf Entgegenkommen angewiesen sind, nicht die alten Hasen, die ihren Platz im Team längst gefunden haben. Nicht zu jedem müssen Sie eine tief gehende Beziehung aufbauen. Die Kunst ist es, auch im Umgang mit den weniger angenehmen Zeitgenossen eine sachliche und respektvolle Ebene zu finden (siehe S. 80). Wer sich nur schwer in einen Kreis einfügen kann oder gleich als Störenfried gilt, steht schnell auf verlorenem Posten. Wer nach ein paar Tagen den Ruf weg hat, ein ganz netter und kompetenter Zeitgenosse zu sein, liegt dagegen gut im Rennen. Also möglichst schnell die Spielregeln kennenlernen und auch mal Kaffee kochen, wenn das allgemein so üblich ist. Wichtig ist ebenfalls, sich nicht allzu zugeknöpft zu geben. Bei aller Zurückhaltung in puncto Klatsch & Tratsch: Geben Sie den Kollegen die Möglichkeit, sich ein Bild von Ihnen zu machen. Nicht nur Sie sind am Anfang unsicher. Auch die Alteingesessenen wissen nicht, wen sie vor sich haben – und halten sich im Zweifelsfall lieber erst mal zurück. Dabei ist es nicht schwer, ins Gespräch zu kommen. Jeder spricht gern über sich und sein Aufgaben. Zeigen Sie sich offen, fragen Sie bei Ihren Kollegen nach und erzählen Sie bei der Gelegenheit auch gleich etwas von sich. Woher Sie kommen, zum Beispiel, und was Sie vorher gemacht haben. Aber immer in sozial verträglicher Dosis, ohne geschwätzig zu werden und penetrant zu wirken!

§

Unter Beobachtung: Die Probezeit dauert in den meisten Unternehmen zwischen drei und sechs Monaten. Neulinge werden in dieser Zeit mit Argusaugen beobachtet. An fachlichen Mängeln liegt es selten, wenn Arbeitsverhältnisse in dieser Phase scheitern. Entscheidend ist die Frage: Passt er bei uns rein? Im Zweifel kann der Vertrag unter Einhaltung der Kündigungsfrist ohne Angabe von Gründen gekündigt werden – von beiden Seiten!

→ Grenzen setzen

Sandra ist Sekretärin. Mit 24 Jahren ergattert sie einen Job im Vorzimmer eines Vorstands. Sie ist begeistert – und stolz, dass sie diesen Sprung so früh geschafft hat. Doch jetzt fangen die Probleme an. »Die anderen Mitarbeiter und speziell die Manager nehmen mich überhaupt nicht ernst – sie übergehen mich einfach.« Ihr Chef macht Ärger. Er fühlt sich gestört, weil ständig unangemeldet Besuch bei ihm hereinschneit. Sandra spricht die Kollegen darauf an. Was dazu führt, dass sie fortan genau abpassen, wann die Sekretärin telefoniert – und wie gehabt an ihr vorbeiziehen. Der Vorstand selbst greift nicht ein, stellt aber klar, dass er hinter ihr steht. Davon hat seine Office-Managerin wenig. »Ich habe dann angefangen, eher informelle Situationen zu nutzen, vor dem Aufzug zum Beispiel oder in der Kantine, um mit den Kollegen ins Gespräch zu kommen. Erst habe ich mit ein bisschen Smalltalk angefangen. Einfach, damit man mal miteinander redet und sie merken, dass ich zwar jung, aber nicht blöd bin. Das Klima hat sich dadurch deutlich entspannt.« Im Zuge der Unterhaltung bittet sie freundlich darum, sich in Zukunft erst an sie zu wenden, wenn es um einen Termin beim Chef geht. Und trifft damit auf offene Ohren.

Wer zu spät die Notbremse zieht, hat schnell verloren. Bei aller Freundlichkeit, die für den erfolgreichen Start in einer Firma absolut notwendig ist: Der Grat zwischen Zurückhaltung und Unterordnung ist schmal. Auch als neuer Mitarbeiter dürfen Sie sich nicht alles gefallen lassen. Stellen Sie von Anfang an klar, was geht und was nicht. Wer sich nicht wehrt, läuft Gefahr, nicht mehr ernst genommen zu werden. Neue Kollegen gelten schnell als willige Opfer, ganz unten in der Firmenhierarchie. Sie haben wenig zu sagen und keine Verbündeten, die ihnen den Rücken stärken. Nur zu gerne werden ihnen Aufgaben zugeschanzt, die sonst keiner erledigen will. Andere Kollegen machen auf großen Macker und führen Neuzugänge vor aller Augen vor. Wer sich das einfach so bieten lässt, ist schnell als Verlierer abgestempelt. Gibt es unter den Kollegen Typen, die Sie systematisch zum Deppen machen wollen, sollten Sie rechtzeitig gegensteuern, um Respekt zu gewinnen. Mit ein bisschen Fingerspitzengefühl und Diplomatie geht das auch auf die freundliche Tour.

Die lieben Kollegen

Schon mal über Stromberg gelacht? Ist ja auch zu komisch, wenn der zum stellvertretenden Ressortleiter degradierte »Mimosengärtner« durch die Abteilung für Schadensregulierung pflügt, seinen Kollegen fiese Sprüche um die Ohren haut und in der Teeküche zu Sexbomb die Hüften schwingt. An Ihrem neuen Arbeitsplatz werden Ihnen die schrägen TV-Sitcom-Typen aus der Versicherung noch häufiger in den Sinn kommen. Denn so oder so ähnlich tauchen sie überall auf, die Ekelpakete und die guten Seelen, die netten Loser, die Grabscher und die jungen Hübschen. Einen Lebenspartner kann man sich selbst aussuchen. Kollegen hat man – und verbringt ausgerechnet mit ihnen den größten Teil seiner Zeit. In jedem Job treffen Neueinsteiger auf intrigante Schlangen, graue Mäuse und empfindliche Häschen. Was wäre eine Firma ohne den Schleimer, der am liebsten beim Chef auf dem Schoß sitzen würde, und die Betriebsnudel, die zwar nervt, aber den Laden wenigstens bei Laune hält?

02 DIE ERSTE WOCHE

Wer jemals mit Feuereifer drauflos gearbeitet hat, während der Teampartner schön systematisch einen Punkt nach dem anderen abhakt, der weiß auch, dass der ganz alltägliche Wahnsinn im Büro nicht unbedingt eine Frage des bösen Willens ist. Eher ein Clash der Charaktere, ein Zusammenprall unterschiedlichster Mentalitäten auf engem Raum – und unter Druck. Wohl dem, der weiß, was auf ihn zukommt.

Den Platzhirsch erkennt man sofort. Er hat das erste und letzte Wort. Wenn er spricht, hängt alles an seinen Lippen. Ein handlungsorientiertes und entschlussfreudiges Alphatier – sowohl geehrt als auch gefürchtet. Sensibilität ist seine Sache nicht. Ihm geht's darum, Dinge voranzutreiben. Ob empfindlichere Naturen dabei auf der Strecke bleiben, interessiert ihn nicht. Wer versucht, ihm sein angestammtes Revier streitig zu machen, muss mit heftigen Angriffen rechnen.

Reichlich anstrengend ist die Zicke. Frauen sind in dieser Rolle stimmlich leichter zu erkennen, es gibt sie aber auch als Mann. Die Ziege meckert an allem herum, ist gegen alles und jeden und findet immer einen Einwand. Sie steht mit sich selbst auf Kriegsfuß und ist genauso schwer auszuhalten wie Besserwisser. Mit ihrer ständigen Nörgelei ist sie allerdings durchaus erfolgreich. Wer will so einer Person schon in die Quere kommen?

Immer schön nah dran am Leitwolf ist der Schleimer zu finden. Ein Typ, der selbst über den blödesten Witz noch lacht. Vorausgesetzt, er kommt vom Chef. Vor dem macht er sich fast nass, um Punkte zu sammeln. Dafür riskiert er bei den Kollegen die große Klappe und scheut auch nicht vor Intrigen zurück. Überall mischt er sich ein, verteilt ungefragt gute Ratschläge und fühlt sich ständig angesprochen.

Ist eigentlich der Kollege neben ihm gemeint, übernimmt er gerne gleich selbst die Antwort und ist ganz stolz darauf, wie fleißig er doch ist. Was hat er doch für einen tollen Überblick! »Ich hab es ja gleich gesagt.«

Wo es etwas zu tun gibt, verkrümelt er sich: Der Drückeberger kommt morgens ständig zu spät (»Jetzt ist schon wieder ein Bus ausgefallen, und ich stehe mir die Füße platt!«), reizt die Mittagspause bis zum Äußersten aus und geht abends als Erster. Die Arbeit hat er nicht erfunden – schafft es aber trotzdem, immer gestresst zu wirken und so zu tun, als wäre er bis über beide Ohren mit Aufgaben eingedeckt. Ein Meister der Disziplin, Akten von einem Platz zum anderen zu verschieben und es dabei – oh Wunder – umstandslos einen Tisch weiter zu schaffen.

Der Intrigant hat nur ein Ziel: Die Karriereleiter möglichst schnell hochzuklettern. Dafür ist ihm jedes Mittel recht. Hinter dem Deckmäntelchen der Freundlichkeit lauert er nur auf die nächste Gelegenheit, um sich mit fremden Federn zu schmücken. Er ist stets bestens informiert, behält sein Wissen jedoch tunlichst für sich. Alles, was von ihm kommt, ist nur mit äußerster Vorsicht zu genießen. Mobbingaktionen gehen gerne an dieser Stelle los.

Auch die Tratschtante muss keine Frau sein, im Gegenteil. In der Teeküche ist sie deutlich häufiger zu finden als vor dem Bildschirm. Wer mit wem gerade gut kann und wo die Zeichen auf Beförderung stehen – ein Klatschmaul hat immer Neuigkeiten und Gerüchte in petto. Mal mehr, mal weniger amüsant. Uninteressant ist es nie, mit ihr zu reden. Auf Dauer allerdings nervig und zeitraubend. Lieber nicht zu bereitwillig drauf einlassen, sonst wird man sie nicht mehr los.

Von Gackern keine Spur: Kein Wort zu viel geben die Analytiker vom Typ kluge Eule von sich. Sie spielen gerne die graue Eminenz im Hintergrund – die im entscheidenden Moment allerdings die Richtung vorgibt. Ihr Expertenwissen macht sie unentbehrlich. Sie können es sich leisten, mit der Macht zu spielen und ihr Wissen strategisch geschickt einzusetzen. Es muss nicht immer der Chefposten sein: An ihrem Schreibtisch finden auffällig viele Zusammenkünfte statt.

Die Stimmungskanone hat in jeder Situation einen lockeren Spruch auf Lager. So grau kann der Montagmorgen gar nicht sein, dass es ihr die Laune verhagelt. Handelt es sich dabei auch noch um einen Gesundheitsfreak, wird selbst im Winter beherzt das Fenster aufgerissen. Grundsätzlich ein friedfertiger Mitmensch, gelegentlich mit Hang zu eigenwilligen Krawatten und farbenfrohem Design. Wenn er anfängt Lieblingslieder mitzusingen oder Mails mit superlustigem Anhang zu verschicken, wird's lästig: Vorsichtig beibringen, was Nerven kostet, und auf enthemmtes Loskichern verzichten. Das spornt sonst nur noch mehr an.

Wer es sich mit der Mutter der Kompanie verdirbt, der hat schlechte Karten. Denn er zieht sich auch gleich den Zorn der anderen Kollegen zu. Bei ihr finden alle ein offenes Ohr für Anliegen aller Art. Das Betriebsklima liegt ihr aufrichtig am Herzen, und sie tut alles dafür, dass die Atmosphäre stimmt. Eine gute Seele, die sich nicht nur freiwillig (!) um das Weihnachtswichteln kümmert. Bei Jubiläen und Geburtstagen geht sie mit der Kasse herum und übt sanften Druck aus, wenn sich vereinzelt Zurückhaltung gegenüber sinnstiftenden Gemeinschaftsgeschenken bemerkbar macht. Sie liebt das Gefühl gebraucht zu werden und hält allen den Rücken frei. Nur nicht ärgern, da versteht sie keinen Spaß.

Mit den Feinheiten mitteleuropäischer Distanzzonen hält sich der Bürohengst gar nicht erst auf. Er sucht Tuchfühlung mit weiblichen Kollegen – vorzugsweise jung, knackig und zu schüchtern, um ihm auf die Finger zu hauen. Gerne schleicht er sich von hinten an, um der Kollegin über die Schulter zu schauen und – hast-du's-nicht-gesehen – seine Hand ganz beiläufig auf dem Oberkörper zu platzieren. Dabei lässt er anzügliche Sprüche los, die es auf der nach oben offenen Peinlichkeitsskala des Herrenwitzes ganz weit bringen. Bloß nicht gefallen lassen! Je früher Grabscher in die Schranken gewiesen werden, desto besser. Der Solidarität Ihrer Kollegen können Sie sicher sein. Genau genommen ist er ein armes Würstchen – aber das macht ihn nicht sympathischer.

Blender lassen keine Gelegenheit aus, um sich vorteilhaft zu präsentieren. Das gilt auch für ihr Äußeres: Sie lieben es, geschniegelt und gebügelt aufzutreten. Mit ihrer Fähigkeit, sich in Szene zu setzen, finden sie immer und überall ein beeindrucktes Publikum. Der Blender redet gerne und viel, ohne sich dabei allzu sehr festzulegen. Dampfplauderer, die einen nicht weiter belasten müssten – lauerte hinter der Fassade nicht allzeit Gefahr. Blender nutzen ihre Ausstrahlung, um hinter dem Rücken der Kollegen auf ihre Kosten zu kommen. Bevorzugt setzen sie dazu fiese Gerüchte in die Welt. Ihnen mit Argumenten zu kommen löst nur Widerstand aus. Lieber betont sachlich reagieren. Eitelkeiten an sich abperlen lassen und dolle Sprüche ins Leere laufen lassen. Damit lässt man leichter die Luft raus.

DER DRESSCODE

Wenn ich nur wüsste, wie meine Garderobe aussehen soll! Auf ein Business-Outfit legt mein neuer Arbeitgeber Wert – sagt er jedenfalls. Allzu eng scheinen sie es dort allerdings nicht zu sehen. Beim Probetag habe ich einige brutal hässliche Krawatten mit Häschen drauf gesehen.

Für den ersten Eindruck gibt es keine zweite Chance. Da sind sich ausnahmsweise alle mal einig. Was das in puncto Klamotten heißt, ist auch klar: Geld ausgeben. Mit einem Anzug oder einem Kostüm kommt man in einer Fünf-Tage-Woche nicht allzu weit. Je nachdem, was der Geldbeutel hergibt: Drei bis fünf Anzüge sollten es am Anfang schon sein. Männer haben es ein bisschen leichter als Frauen. Zu sexy fällt ihr Auftritt garantiert nicht aus – dafür umso eintöniger. Die Farbpalette reicht von einem aufregenden Mittelgrau über Anthrazit bis Schwarz oder einem business-kompatiblen Mitternachtsblau. Beige sieht man deutlich seltener, dabei wirkt es nach Einschätzung von Stilexperten durchaus elegant. Grundsätzlich gilt: Je höher die Position, desto dunkler die Kleidung.

Das gehört zur Grundausstattung: Für Männer langärmelige Hemden in hellen Farben, etwa fünf dezent (!) gemusterte Krawatten und ein paar schwarzer Socken, die mindestens zur Wade reichen. Für die Damen gilt: Neben einem Schwung klassischer Blusen, sind Feinstrumpfhosen ein absolutes Muss. Röcke sollten nicht zu eng anliegen und die Knie züchtig umspielen.

Führen ist Formsache

In den oberen Etagen kommt man an Hosenanzug oder Kostüm für die Dame und Anzug plus Krawatte für den Herrn nicht vorbei. Einsteiger orientieren sich immer nach oben, also an der mittleren Führungsebene. Da sind Kombinationen durchaus üblich. Ein Blazer zum Rock und das Sakko zur dunklen Hose sind völlig in Ordnung. Bunte Tücher oder ein auffälliges Schmuckstück bringen Farbe rein. Neben unanfechtbaren Klassikern ist der Dresscode natürlich auch eine Frage der Mode. Bluse ist nicht gleich

Bluse. Alles, was etwas auf sich hielt, lief früher noch in einem kräftig blau getönten Hemd durch die Etagen. Das gute Stück gehört längst in die Mottenkiste. Der Hemdkragen sollte immer ein- bis eineinhalb Zentimeter oberhalb des Jacketts sichtbar sein, die Manschetten schauen einen Zentimeter hervor. In kühleren Zeiten ist sogar ein dünner Pullunder mit V-Ausschnitt unter Sakko oder Blazer kein Stilbruch.

Weniger ist mehr – auf diese Formel lässt sich der Dresscode für Berufseinsteiger bringen. Lange Fingernägel mit Glitzersteinchen gelten ebenso wenig als businesslike wie Dreitagebärte oder ein gut in Szene gesetztes Dekolleté. Heikel wird es im Sommer, wenn auch hartgesottene Büromenschen am liebsten alles von sich werfen würden. Eine ganz böse Karrierefalle. Nur äußerst penetrante Zeitgenossen, die sich von ihrer Karriere offenbar nicht viel versprechen, rücken mit kurzer Hose und Jesuslatschen an. Auch den Körper luftig umspielende Schnitte mit Palmenmotiv stehen überall auf der schwarzen Liste. Aufstrebende Manager wagen es nicht einmal unter tropischen Bedingungen, sich in ein Kurzarmhemd zu hüllen. Und Damenschuhe bleiben auch im Sommer vorne geschlossen.

Klar: Kleinere Betriebe und kreativ gestimmte Branchen sehen das alles nicht so eng. Am Anfang aber nicht auf Understatement setzen, sondern am ersten Tag lieber eine Spur zu schick erscheinen. Und genau unter die Lupe nehmen, wie die anderen so aussehen. Hoppelnde Häschen auf dem Schlips? Die springen jedem Betrachter sofort ins Auge. Und verbieten sich von selbst. Vor lauter Anpassen aber nicht vergessen, auch mal Neues auszuprobieren. Sich auf erfreuliche Weise von der Uniform abheben und sich nicht dahinter verstecken – da sollte es hingehen. Wer sich verkleidet fühlt, der wirkt auch so.

Knöpfe bleiben beim Zweireiher immer geschlossen, dürfen beim Einreiher im Sitzen jedoch geöffnet werden. Aber dran denken: Zur Begrüßung werden sie wieder geschlossen!

Kleinigkeiten wie **schmutzige Brillengläser** machen den guten Eindruck schnell wieder kaputt.

02

DIE ERSTE WOCHE

FETTNÄPFCHEN IN DER ERSTEN WOCHE

Gute Ratschläge verteilen

Und seien Ihre Methoden noch so fortschrittlich und effizient: Was halten Sie davon, wenn jemand mal eben daher kommt und Ihnen ungefragt die Welt erklärt?

Sich Hals über Kopf in die Arbeit stürzen

Übereifer schürt Ängste und Neid.

Eine Überstunde nach der anderen kloppen

Das macht die Preise kaputt. Als Letzter zu kommen und als Erster zu gehen ist aber auch nicht besser.

»Wirkt die Frau Mayer eigentlich immer so abweisend?«

Sich auf Büroklatsch einzulassen ist brandgefährlich. Nicht nur für Jobeinsteiger.

»Wann fragt mich mal einer?«

Tagelang darauf zu warten, zum gemeinsamen Mittagessen aufgefordert zu werden, ist keine gute Idee. Ergreifen Sie selbst die Initiative. Wenn Sie sich mit der Butterbrotdose in die Ecke verziehen, halten die anderen Sie für arrogant.

»Hallo, ich bin der Bernd!«

Vorsicht mit dem schnellen Du. Erst abwarten, was üblich ist.

Alle fünf Minuten mit einer Detailfrage ankommen

Offene Punkte lieber bündeln – und dann einmal richtig.

CHECKLISTE

☐ **Wie sieht meine Aufgabe aus?**
Was gehört laut Stellenbeschreibung und Arbeitsvertrag zu meinem Job? Kann ich auf Tipps vom Vorgänger zurückgreifen? Welche Hinweise geben Chef und Kollegen?

☐ **Wer gehört zu meinem Team?**
Mit welchen Kollegen und Abteilungen arbeite ich zusammen? Wie funktionieren die Abläufe, in die ich eingebunden bin? Wer ist wofür zuständig? Mit wem muss ich mich abstimmen? Mit welchen Kunden und Lieferanten habe ich zu tun?

☐ **Was wann?**
Welche Arbeiten sind termingebunden und müssen zu einem bestimmten Zeitpunkt erledigt sein? Genießen diese Projekte auch beim Chef oberste Priorität bzw. worauf legt er besonderen Wert? Welche Aufgaben fallen ständig an und laufen quasi nebenbei?

☐ **Wo fehlt's noch?**
Wo habe ich noch Lücken? Was fehlt mir, um meine Arbeit gut zu machen? Brauche ich noch bestimmte Informationen, kenne ich mich mit der Technik aus, bin ich mit Werkzeug und Büromaterial ausgestattet?

3

DER ERSTE MONAT

So langsam wird's, die ersten Hürden sind überstanden. Jetzt nicht voreilig werden. Wie der Laden wirklich tickt, lässt sich am besten aus gesunder Distanz beobachten.

Wer kann mit wem, wo gibt es ständig Knatsch, und wo sitzen die Oberhäuptlinge, die sagen, wo es langgeht?

Eines ist hundertprozentig sicher: Fehler macht jeder. Entscheidend ist, wie Jobeinsteiger damit umgehen.

Chefs sind selten leicht zu nehmen – aber auch nicht zu ändern. Wer sich auf ihren Führungsstil einstellt, tut sich leichter.

DIE GEHEIMEN SPIELREGELN

Jede Firma tickt anders

Na also! Die wichtigsten Abläufe haben Sie nach einer Woche ganz gut drauf, ein paar Namen sitzen auch schon, und den Weg in die Kantine nehmen Sie nicht mehr allein. Leichte Entspannung setzt ein. Dennoch: Es bleibt interessant. Denn die wichtigsten Regeln finden Sie in keiner Broschüre. Die viel beschworene Kultur eines Unternehmens sieht in jeder Firma anders aus. Eine Vielzahl ungeschriebener Gesetze und Geheimcodes (»Ich geh mal auf 17!«) bestimmt das betriebliche Miteinander und prägt das Klima. Dem auf die Spur zu kommen ist gar nicht so leicht. Wie gehen die Kollegen miteinander um, steht beim Chef tatsächlich immer die Tür weit auf, werden Anweisungen grundsätzlich gebellt? Ob es eher ruppig zugeht oder verbindlich im Ton, bekommen Neulinge schnell mit. Anders sieht es mit lieben Gewohnheiten, persönlichen Vorlieben und gewachsenen Strukturen aus. Das kann der vom Abteilungsleiter wie selbstverständlich beanspruchte Parkplatz in bequemer Nähe zum Eingang sein, aber auch die unausgesprochene Erwartung an die Mitarbeiter, unbezahlte Überstunden gerne in Kauf zu nehmen. Selbst Dienstwege folgen nicht notwendig den Gesetzen der Logik, sondern sind Ergebnis langjähriger (zwischenmenschlicher) Prozesse. Wer die geheimen Spielregeln nicht kennt, setzt sich daher schnell in die Nesseln. Welches Verhalten gewünscht, welcher Ton üblich ist und welche Rituale einfach dazugehören – im Gegensatz zu den offiziellen Regeln lässt sich das nicht erfragen, sondern am besten aus gesunder Distanz beobachten.

Heimliche Hierarchien

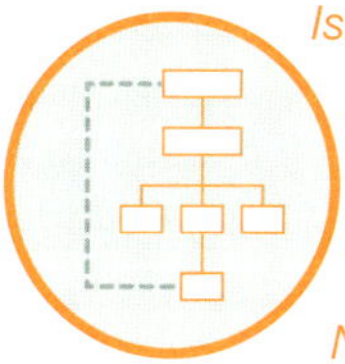

Ist ja interessant! Uns gegenüber macht der Chef immer einen auf großen Max. Aber wenn's drauf ankommt, zieht er den Schwanz ein. Die wirklich wichtigen Sachen scheinen sowieso eher im Nachbarteam zu laufen. Beim Leiter dort ist immer was los, da hängt ständig jemand rum. Dabei ist das eigentlich so ein ganz bescheidener Typ.

Ein Organigramm erzählt nur die halbe Wahrheit. Die tatsächlichen Machtverhältnisse in einem Unternehmen sehen oft anders aus, als sie auf den ersten Blick scheinen. Auch auf weniger hohen Positionen sind einflussreiche Wortführer zu finden. Wie viel jemand wirklich zu sagen hat, hängt von verschiedenen Faktoren ab.

- Welchen Status genießt seine Abteilung in der Firma?
- Ist er Experte auf seinem Gebiet?
- Verfügt er über ein außergewöhnliches Netzwerk?

Heimliche Hierarchien lassen sich deshalb nicht unbedingt am dicken Firmenwagen oder dem besonders schicken Büro erkennen. Inoffizielle Rangordnungen funktionieren viel subtiler. Wer »wichtig« ist, hängt nicht von der Hierarchie ab. Eine Sekretärin, mit der Sie gut können, verschafft Ihnen lächelnd Zugang zum Chef, und auch der Servicetechniker legt im Notfall einen Zahn zu, wenn Sie ihm sympathisch sind. Kontakte zu engagierten Mitarbeitern sind immer ein Gewinn – quer durch alle Abteilungen. Also Augen und Ohren auf! Wen darf ich auf keinen Fall übergehen, welche Namen fallen immer wieder? An welchem Arbeitsplatz finden am häufigsten Teambesprechungen statt, wer ergreift gern als Erster das Wort, und wem wird besonders viel Respekt entgegengebracht? Aus vielen kleinen, genau beobachteten Puzzlestückchen lassen sich eigene Rückschlüsse ziehen. Besonders wertvoll und aufschlussreich sind natürlich Tipps von Insidern – so ganz ohne »Fremdhilfe« lassen sich Machtstrukturen kaum durchblicken. Bleiben Sie dabei aber auf der Hut. Munter drauflos zu fragen wäre ein grober Fehler. Selbst wenn der Kollege einen hochintegren Eindruck auf Sie macht: Noch wissen Sie nicht, wer wo steht und mit wem möglicherweise enger oder weniger eng verbunden ist. Da ist Fingerspitzengefühl gefragt! Einsteigerstammtische in wechselnden Kneipen sind übrigens gerade bei größeren Firmen sehr hilfreich. Man profitiert gleich in mancherlei Hinsicht: a) Zugezogene lernen die Stadtszene etwas näher kennen, b) man lernt abteilungsübergreifend andere Neueinsteiger als »Gleichgesinnte« kennen, und c) es macht Spaß.

Ohne Smalltalk geht's nicht!

Um sich heranzutasten und die für Sie »richtigen« und wichtigen Leute zu erkennen, können Sie sich auch gleich im Smalltalk üben. Das kleine, angeregte Gespräch am Rande öffnet Türen. Beim Plausch auf dem Gang oder im Aufzug lässt sich ganz beiläufig viel Interessantes erfahren. Wer die Kunst des lockeren Plauderns souverän beherrscht, hat beim Netzwerken von Natur aus keine Probleme. Doch Smalltalk lässt sich auch trainieren. Ein kleiner Anstoß – »Ich bin neu in der Abteilung und sehe Sie zum ersten Mal« –, und schon ist ein Dialog in Gang. Heikle Themen bleiben natürlich außen vor. Aber was sollte Sie auch dazu verführen, sich vor dem Kaffeeautomaten oder im Aufzug mit Bemerkungen zu Politik, Krankheit oder dem unmöglichen Betriebsklima auf gefährliches Terrain zu begeben? Das Spektrum an harmlosen Themen ist gerade für Neulinge schier unendlich groß. Besonders vielversprechend sind Fragen zum Arbeitsgebiet oder nach den Interessen des

Gegenübers. Je weniger sich die Beteiligten kennen, desto mehr Stoff bietet sich an. Eine gute Voraussetzung, um in der Anfangszeit viele neue Kollegen besser kennenzulernen.

Kontakte knüpfen

Das klappt doch bestens! Mit Ihrer aufgeschlossenen Art bauen Sie sich gleich ein tragfähiges Netzwerk auf. Das erleichtert nicht nur den Einstieg im Unternehmen, es schützt auch vor Intrigen und sichert den eigenen Job dauerhaft ab. So mancher Amtsweg lässt sich abkürzen, wenn Sie wissen, wo Sie ein offenes Ohr für Ihr Anliegen finden. Langfristig kann es – im Zuge einer Umstrukturierung zum Beispiel – eine Sache des Überlebens sein, über interne Kanäle zu wissen, wann wo eine Position neu zu besetzen ist. Je besser die Kontakte sind, desto größer ist der Schutz in schwierigen Situationen. Wichtig ist dabei, über den Schreibtisch und die eigene Abteilung hinauszublicken und sich nach allen Seiten zu orientieren. Frauen neigen stärker als Männer dazu, sich vor allem auf der gleichen Ebene zu vernetzen – und nicht von unten nach oben. Das ist zwar wichtig, weil es den fachlichen Austausch ermöglicht (»Wie wird das hier normalerweise gehandhabt?«). Um an wichtige Informationskanäle eines Unternehmens heranzukommen, sollte man seine Fühler jedoch ruhig ein bisschen weiter ausstrecken. Ein Geburtstagsumtrunk steht an? Eine bessere Gelegenheit könnte es gar nicht geben, um auch mit Führungskräften und Kollegen anderer Abteilungen das eine oder andere Wort zu wechseln.

Ein Netzwerk besteht immer aus Geben und Nehmen. Wer nur dann präsent ist, wenn er Hilfe braucht, wird es in puncto Beziehungspflege nicht weit bringen.

EXTRA

TOTAL VERNETZT

XING, FACEBOOK & CO

Gab es ein Leben ohne Xing? Soziale Netzwerke gehören längst dazu, auch im Beruf. Über Business-Plattformen lassen sich Geschäftsverbindungen aufbauen und Beziehungen am Leben erhalten. Wer auf Xing oder LinkedIn zu finden ist, gibt anderen die Möglichkeit, in Kontakt zu treten. Sie haben jemanden auf einer Veranstaltung getroffen? Selbst nach Jahren lässt sich der Gesprächspartner wiederfinden. Das Prinzip: Nutzer sehen auf einen Blick, wer mit wem Bekanntschaften pflegt. Spannend wird's, wenn es gemeinsame Verbindungen gibt. So lässt sich ein ansehnliches Netzwerk schaffen, mit vielen interessanten und auch branchenübergreifenden Kontakten – über Stadt- und Landesgrenzen hinweg.

Kontaktdaten ausfüllen und Schnappschuss reinstellen – das reicht nicht! Der Anmeldung sollten Sie Sorgfalt angedeihen lassen und sich gründlich überlegen, wie Sie sich präsentieren wollen. Stellen Sie sich vor, Ihr neuer Chef interessiert sich für Ihr Profil: Wie soll er Sie sehen, was über Sie erfahren?

Zu privat, zu viel Körper, zu bunte Hintergründe: 95 Prozent aller Fotos auf Xing werden von Experten als schlecht befunden.

KARRIEREKILLER INTERNET.

Wer sich in der Hängematte präsentiert oder vogelwilde Fotos von der letzten Party ins Internet stellt, ist selber schuld. Personaler haben es heute ganz leicht: Einmal den Namen gegoogelt und schon sehen Sie auf einen Blick, wo sich Bewerber im World Wide Web tummeln. Dabei lässt sich der Kreis der User leicht einschränken. Es kostet nur ein bisschen Zeit und Aufmerksamkeit, um die entsprechenden Funktionen zu aktivieren. Trotzdem: Die richtige Balance zu finden ist gar nicht so leicht. Schließlich geben Nutzer nicht nur berufliche Fakten preis. Hinweise zu Hobbys oder Diskussionen in Gruppen und Foren geben dem Ganzen erst die persönliche Note. Grundsätzlich gilt jedoch, dass allzu Privates im Internet nichts verloren hat. Wer aus dem Nähkästchen plaudert, stellt sich selbst ein Bein. Auch unbedachte Äußerungen in Internet-Foren können sich sehr nachteilig auf den Ruf auswirken. Wer Xing & Co als Karriere-Sprungbrett nutzen will, sollte außerdem zwischen wichtigen

Mal gucken, wer mich findet ... Ganz falsch! Nur wer selbst aktiv ist, profitiert vom Web 2.0.

und unwichtigen Kontakten unterscheiden. Wo es um den Job geht, haben Mama, Papa und die beste Freundin auf der Liste nichts zu suchen.

Klasse statt Masse: Mehr als hundert Kontakte braucht man nicht, um als gut vernetzt zu gelten, sagen Experten. Personaler interessiert vor allem, wen Sie kennen.

SO GEHT'S:

- Was und wen wollen Sie mit dem Auftritt erreichen? Unterscheiden Sie zwischen Business-Netzwerken und dem eher privaten Austausch, etwa auf Facebook. Für exklusivere Portale wie LinkedIn oder Viadeo braucht man eine Empfehlung, um aufgenommen zu werden.

- Das gehört in Ihr Profil: aktuelle Position, Werdegang, Qualifikationen, Interessen, was Sie suchen und was Sie bieten. Je schärfer das Profil, desto größer sind die Chancen interessante Kontakte herzustellen (gezielte Schlagwörter verwenden!).

- Um erst mal präsent zu sein, reicht in der Regel eine kostenfreie Variante. Kleiner Tipp: Sie können sich auch einladen lassen.

- Schotten Sie sich ein bisschen ab! Es muss nicht sein, dass Sie über jede Suchmaschine zu finden sind. Auch Ihr Bild sollte nur intern erscheinen. Es lässt sich einstellen, was Google von Ihnen sehen darf – und was nicht.

- Lassen Sie sich Empfehlungen von Kollegen und Geschäftspartnern schreiben. Das zeigt Wertschätzung und putzt ganz ungemein. Nicht vergessen: Das gilt auch umgekehrt!

- Ein totes Profil nutzt Ihnen gar nichts. Hauchen Sie dem Auftritt regelmäßig Leben ein. Zehn Minuten pro Woche sollten es schon sein. Wer an Gruppen und Foren teilnimmt, braucht mehr.

RUDELKÄMPFE IM MEETING

Meetings gelten gerne als Pflichtübungen, die nur Zeit kosten. Sind sie aber nicht. Jedenfalls nicht für Einsteiger. Nirgendwo lassen sich die Machtverhältnisse in einer Abteilung oder einem Unternehmen so anschaulich beobachten wie in diesen Veranstaltungen. Offiziell dienen sie dazu, Probleme zu diskutieren, im gegenseitigen Austausch Lösungen zu finden und Konzepte zu entwickeln. In freier Wildbahn hat man es dagegen nicht selten mit hart ausgefochtenen Rudelkämpfen zu tun, die den Vergleich mit dem Tierreich nicht scheuen müssen. Da wird die Hackordnung zementiert, bis die Fetzen fliegen. Wenn Teamleiter A sich mal wieder auf Kosten von B profiliert und C alle Entscheidungen seines direkten Konkurrenten blockiert, steckt dahinter viel mehr als die Auseinandersetzung um fachliche Argumente und die Unternehmensstrategie. Da schielen zwei auf denselben Posten, während andere sich einfach nicht riechen können oder sich ihre Energie für die nächste Sitzung sparen, wenn die Firmenleitung Präsenz zeigt. Besprechungen sind immer auch Machtdemonstration pur. Man muss die Zeichen allerdings lesen können. Und das braucht Zeit.

Sich als Neuling mit kritischen Argumenten oder gar Verbesserungsvorschlägen in die Debatte einzuklinken wäre Harakiri. Egal wie toll und richtig der Beitrag auch ist: Ihre Diskussionspartner würden Sie sofort auf Ihren Platz verweisen.

Bevor Sie sich inhaltlich einbringen können, müssen Sie sich erst mal Respekt verschaffen. Noch stehen Sie irgendwo ganz am unteren Ende der Rangordnung. Ihre Vorschläge, wie pfiffig und innovativ auch immer, wären im Nu vom Tisch. Halten Sie sich zurück und verfolgen Sie aufmerksam, was sich bei dem allgemeinen Schaulaufen abspielt. Wer reagiert auf wen sofort allergisch, und wer führt ständig das große Wort? Wessen Beiträge fallen regelmäßig unter den Tisch, und bei welchen Gelegenheiten tun sich selbst maulfaule Kollegen auf einmal hervor? In Besprechungen wird nicht nur um die eigene Machtposition gefochten.

Schon die Einladung zu bestimmten Sitzungen ist eine Imagefrage. Eine günstige Gelegenheit zu nutzen, um vor der Geschäftsführung mit einer intelligenten Bemerkung zu punkten, kann viel Kleinarbeit ersparen. Immer vorausgesetzt natürlich, Sie kratzen die bestehenden Machtverhältnisse nicht an und vermeiden es, vorschnell mit (alt)klugen Vorschlägen vorzupreschen. Den Stockfisch brauchen Sie deshalb nicht zu spielen. Eigene Anregungen lassen sich auch in eine Frage packen.

Abb. Benehmen im Meeting

01 Zurückhalten
02 Beobachten
03 Keine voreiligen Bemerkungen

Zurückhaltung ist für Jobeinsteiger oberstes Gebot – das gilt auch für Sitzungen. Aber denken Sie dran: Wenn Sie in der Firma etwas werden wollen, müssen Sie positiv auffallen.

DO'S UND DON'TS IM MEETING

Das geht gar nicht:

01.

Pünktlichkeit ist eine Zier – und wird von Neuzugängen erst recht erwartet. Lieber ein bisschen zu früh erscheinen. Dann brauchen Sie auch nicht mit einem der hinteren Plätze vorlieb zu nehmen. Falls es doch mal spät wird, weil Sie aufgehalten worden sind: Bloß keinen Wind machen. Kurz entschuldigen, Platz nehmen und überflüssige Störungen vermeiden.

02.

Handy aus! Alles, was die allgemeine Konzentration stört, ist tabu: Klingeltöne, hektisches Verschwinden oder Getuschel mit dem Sitznachbarn.

03.

In diesen Meetings geht's ganz schön ab, das haben Sie schon gemerkt. Lassen Sie sich trotzdem nicht dazu verführen, auf die hohe Tonlage einzugehen oder zu unfairen Mitteln zu greifen. **Sachlich bleiben!**

Es lohnt sich, die **Teilnehmerliste** zu besonders wichtigen Veranstaltungen genau zu studieren. Wo es ausgesprochen hochkarätig zugeht, kommen Leute zusammen, die in Zukunft auch über Ihre Beförderung zu befinden haben werden.

04.

Sie haben die Gelegenheit, eine interessante Sichtweise beizutragen? Super! Jetzt **keine falsche Bescheidenheit**. Gut genutzte Redezeit ist Gold wert und verschafft Profil. Die Wirkung von Mini-Statements verpufft im Nu. Geben Sie Ihren Argumenten Raum – aber schwafeln Sie nicht.

So machen Sie Punkte:

05.

Hinten sitzen Sie schön versteckt? Dann brauchen Sie gar nicht erst zu erscheinen. Schließlich wollen Sie wahrgenommen werden. Wer sitzt üblicherweise wo? Um Ihrem Chef nicht aus Versehen seinen angestammten Platz streitig zu machen, sollten Sie sich mit der Sitzordnung vertraut machen. Da vorne ist noch was frei? Wunderbar! Und achten Sie darauf, dass Ihr Kollege Sie nicht mit seinen vielen Aktenordnern verdeckt!

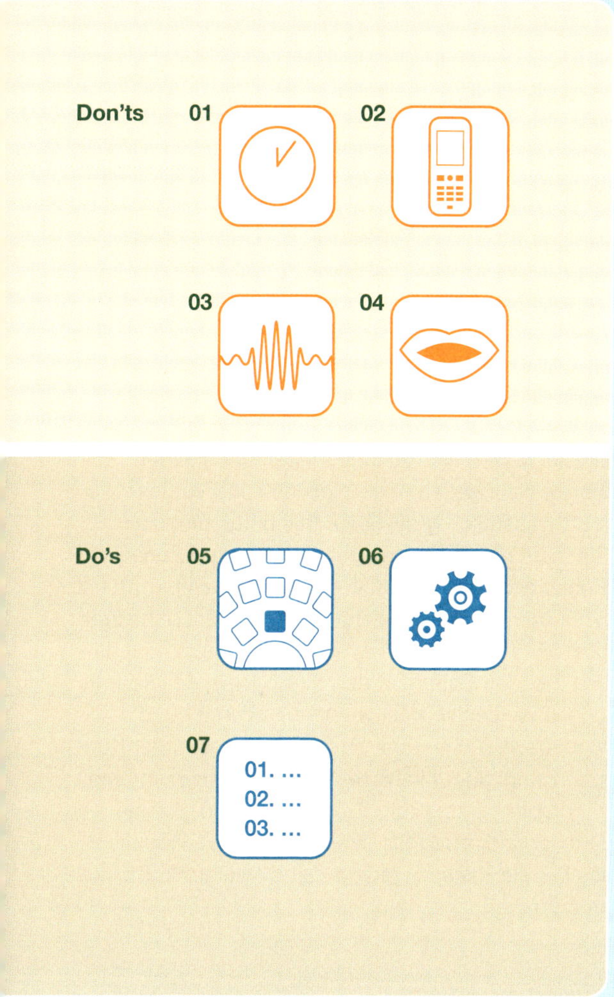

06.

Die Tagesordnung ist schnell gelesen und das Protokoll vom letzten Meeting auch. Aber das reicht als Vorbereitung nicht. **Denken Sie strategisch**. Zu welchen Aspekten könnten Sie etwas sagen? Welche Tagungspunkte berühren unmittelbar Ihr Aufgabengebiet? Je gründlicher Sie die Veranstaltung im voraus durchdenken (Wer wird von welchen Interessen geleitet? Wo könnte das Ergebnis hingehen? Auf wen käme es bei der Umsetzung an?), desto strukturierter können Sie eigene Beiträge bringen.

07.

Nichts schätzen Sitzungsteilnehmer mehr als **klare Thesen** und ein **streng eingehaltenes Zeitraster.** Damit sichern Sie sich bei jeder Präsentation auf Anhieb Sympathien! Lassen Sie sich auch von Zwischenrufen nicht aus dem Konzept bringen. Sonst verfransen Sie sich leicht in komplizierten Erklärungen.

NOBODY'S PERFECT!

Oh wie peinlich! Jetzt habe ich aus Versehen eine falsche Formel in die Excel-Tabelle eingesetzt. Das hätte mir aber auch vor der Besprechung auffallen können! Kein Wunder, dass alle sauer sind. Jetzt stimmt das Ergebnis natürlich nicht. Aber ganz ehrlich: Es ist ja auch kein Wunder. Alle decken mich so mit Arbeit ein, dass ich kaum zum Luftholen komme. Was mache ich denn jetzt nur?

%

Keine Panik! Fehler passieren jedem. Und zwar ständig. Zwischen zwei bis fünf Fehler macht jeder Mensch in einer Stunde, sagen die Forscher.

In so einer Situation gibt es nur eins: Den Fehler einräumen – ohne große Erklärungen –, die Tabelle korrigieren und sich für die Unannehmlichkeiten entschuldigen. Kleinere Missgeschicke lassen sich leicht beheben und bleiben meistens ohne Nachgeschmack. Kollegen und Vorgesetzte reagieren oft wesentlich großzügiger als befürchtet und werden Sie nicht gleich für eine Fehlbesetzung halten. Ob sich ein Fehler als Stolperstein für die Karriere entpuppt, hat vor allem mit dem Verhalten »danach« zu tun. Ein beherzter Umgang mit Missgeschicken hat schon so manche Situation gerettet. Sich vor Scham in den Staub zu werfen kommt dagegen genauso schlecht an wie Vertuschungs- und Rechtfertigungsversuche. Egal ob Chef, Kollegen oder Kunden betroffen sind: Jeder kann besser mit Klarheit umgehen als mit einer Opferhaltung oder Herumdrucksen. Stehen Sie zu Ihrem Fehler und retten Sie, was zu retten ist. Was nicht heißt, dass Sie die Panne in jedem Fall an die große Glocke hängen müssen.

Wer ist von dem Fehler direkt betroffen, und wen muss ich einweihen, um die Panne so schnell wie möglich zu beheben? Das sind die entscheidenden Fragen, wenn's brennt. Eine falsche Zahl lässt sich notfalls leicht ausbügeln. Wenn Sie einen Liefertermin verschlafen, wird's schon brenzliger. Dann kommen Sie kaum umhin, es dem Chef zu beichten. Am besten bringen Sie gleich einen Lösungsvorschlag mit. Denn darauf kommt es jedem Vorgesetzten an. Wenn der gerade Stress mit einem empörten Kunden hat, interessiert ihn kein bisschen, ob Sie total überlastet sind oder wie der Fehler zustande gekommen ist. Er will nur wissen, wie die Kuh möglichst schnell vom Eis kommt. Also: Lassen Sie sich was einfallen.

Fehler als Chance?

Gar nicht so leicht, sich zu dieser Ansicht durchzuringen. Aber es ist was dran. Führungskräfte sind in Umfragen überwiegend der Meinung, das persönliche und kommunikative Potenzial ihrer Mitarbeiter oft erst durch ihr Verhalten in einer Krisensituation beurteilen zu können. Charakterliche Schwächen werden von ihnen durchweg erheblich negativer bewertet als Fehler in der Sacharbeit. Sicher: Kritik anzunehmen fällt jedem schwer, selbst wenn die Einwände berechtigt sind. Doch wer mit negativem Feedback konstruktiv umgehen kann, sammelt Bonuspunkte. Er beweist damit Haltung – und hilft sich selbst. Wer in der Lage ist, einen Fehler sachlich-nüchtern zu betrachten, wird ihn kein zweites Mal machen.

Ohne Fehler kein Fortschritt. Zum Beispiel die Post-its. Aus dem Büroalltag sind die kleinen gelben Zettelchen gar nicht mehr wegzudenken. Ursprünglich wurde jedoch nach einem Super-Klebstoff gesucht. In dieser Hinsicht sind sie eine glatte Fehlentwicklung.

Beim nächsten Mal wird alles anders!

Das hilft, Pannen kritisch zu hinterfragen:

- Wie ist es zu dem Fehler gekommen?
- Welche Handlungsalternativen hatte ich?
- Welche Informationen und Fähigkeiten hätten mir geholfen, den Fehler zu vermeiden?
- Wie komme ich in Zukunft an solche Informationen bzw. wie eigne ich mir die entsprechenden Fähigkeiten an?
- Welche Person hätte mich unterstützen können?
- Was würde ich von mir als jene Person erwarten, die durch den Fehler zu Schaden gekommen ist?

Gut geplant ist halb gewonnen

Je komplexer der Arbeitsalltag, desto stärker ist Struktur und Planung gefordert (siehe S. 98). Setzen Sie Prioritäten. Mangelnde Zeiteinteilung führt meist zu Stress und unüberlegten Ad-hoc-Handlungen. Wenn Sie als Jobeinsteiger Neuland betreten, ist die Fehlergefahr besonders groß. Nicht nur Checklisten und Projektpläne helfen dabei, den Überblick über Aufgaben und Abläufe zu behalten. Auch Manöverkritik wirkt manchmal kleine Wunder – bevor das Kind in den Brunnen gefallen ist. Ein schwieriges Projekt auf Teufel komm raus alleine durchzuziehen, nur um zu beweisen, dass man – selbstredend! – alles im Griff hat, ist riskant. Auf der Suche nach Lösungen den eigenen Tunnelblick zu erweitern und Rat von kompetenten Kollegen einzuholen kann ausgesprochen hilfreich sein.

Abb. Fehler beheben

01 Lösungsorientiert handeln
02 Persönliche Lernkurve
03 Respekt von Kollegen

Abb. Fehler verschlimmern

Verstecken

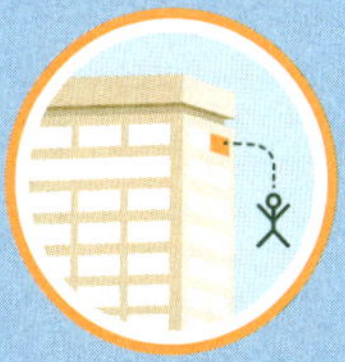

Panik!

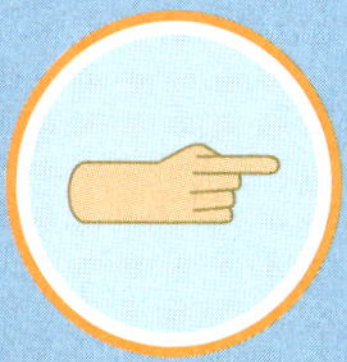

Andere beschuldigen

Wer ein dickes Problem verursacht, sollte auch einen Gefühlsausbruch ertragen können. Gleich dagegenzureden kann den Konflikt erheblich verschärfen. Bevor Verständnis für Ihr Missgeschick auch nur aufflackern kann, muss bei Ihrem Gegenüber erst mal Druck raus.

UMGANG MIT UNANGENEHMEN ZEITGENOSSEN

Nach den ersten Wochen sehen Sie schon viel klarer. Die meisten Kollegen sind wirklich umgänglich und helfen Neulingen am Anfang auch bereitwillig auf die Sprünge. Aber neben den Netten gibt es in jeder Firma auch kleine Scheusale, die mit ihren Launen das Klima verpesten und anderen gerne Steine in den Weg legen. Die müssen Sie nicht lieben. Aber es hilft nichts: Wenn Ihnen der Job gefällt, werden Sie auch mit diesen eher unangenehmen Zeitgenossen noch eine Weile auskommen müssen. Ganz wichtig: Unterscheiden Sie zwischen Angriffen auf Ihre Person und Ihrer Rolle im Job. Zugegeben, selbst Menschen mit langer Berufserfahrung fällt es oft schwer, Seitenhiebe nicht persönlich zu nehmen. Aber es erspart eine Menge Seelenstress und ermöglicht ein respektvolles und einigermaßen gedeihliches Miteinander – auch mit schwierigen Fällen.

→ Müffelalarm

Tobias war gleich überzeugt: Der Job ist genau sein Ding. Das Team ist nett, die Aufgaben passen – wenn da nicht dieser Kollege wäre, der mit seinem Gestank die Luft verpestet. Von Tag zu Tag stört es ihn mehr, mit jemandem zusammenzuarbeiten, der sich nicht wäscht. Tobias weiß überhaupt nicht, wie er sich verhalten soll. Schließlich möchte er den Kollegen nicht beleidigen. Den anderen in der Gruppe geht es offenbar auch nicht anders. Die meisten sind allerdings der Meinung, es sei zu peinlich, den Kollegen darauf anzusprechen. Tobias findet, einer muss es tun. Aber als Neuling will er sich auch nicht zu weit aus dem Fenster lehnen.

Ausdünstungen im Job sind immer ein heißes Eisen. Wer schneidet schon gerne ein so persönliches Thema an? Immerhin könnte auch eine Krankheit dahinterstecken. Als Neuzugang sollte man sich dreimal überlegen, welchen Part man bei derart sensiblen Fragen einnehmen will. Vorzupreschen und einen neuen Kollegen vor den Kopf zu stoßen wäre taktisch unklug. Da sind andere Lösungen gefragt. Denn grundsätzlich ist klar: So ein Thema muss auf den Tisch. Wie soll ein Team effektiv zusammenarbeiten, wenn alle so schnell wie möglich Reißaus nehmen? Mit vornehmer Zurückhaltung tut man niemandem einen Gefallen. Dem Stinker am allerwenigsten. Kein Unternehmen wird sich auf Dauer einen unangenehm riechenden Mitarbeiter leisten. Man braucht zwar nicht zu befürchten, dass der Betroffene einen vor lauter Dankbarkeit in den Arm nimmt, wenn die Sache zur Sprache kommt. Die Erfahrung zeigt jedoch, dass Müffel-Kandidaten oft heilfroh sind, wenn sie auf ihr Problem aufmerksam gemacht werden. Den meisten ist ihr Körpergeruch gar nicht bewusst. So ein Gespräch muss in jedem Fall auf Augenhöhe stattfinden, mit jemandem, zu dem ein besonders gutes, vertrauensvolles Verhältnis besteht. Ein Schuss Humor – »Ich hätte hier ein Deo für dich!« – muss kein Fehler sein, ist aber Typsache. Eine Kollegin ins Rennen zu schicken, weil Frauen ach so sensibel sind, ist keine gute Idee. Bei solch heiklen Missionen bleiben die Geschlechter besser unter sich.

→ Zickenkrieg

Patricia steigt als Quereinsteigerin bei einem mittelständischen Unternehmen ein. In dem Großraumbüro herrscht Leistungsdruck. Jeder und jede kämpft mit Ellbogen um die eigene Position. Trotzdem ist die Neueinsteigerin geschockt, als sie bemerkt, dass ihr wichtige Unterlagen vorenthalten werden – und zwar ganz gezielt. In der Jahresbeurteilung dreht die intrigante Kollegin den Spieß dann auch noch um und beschuldigt Patricia: Sie gebe Informationen nicht weiter. »Da habe ich beschlossen, dass ich das ernst nehmen muss.« Obwohl sie die Vorwürfe absolut unfair findet, versucht sie die Kritik sachlich zu betrachten. Patricia verhält sich betont kooperativ, pflegt den gemeinsamen Terminkalender besonders sorgfältig, um keine Angriffsfläche zu bieten, und bleibt freundlich im Ton. Die Zusammenarbeit verläuft nicht herzlich, aber störungsfrei. »Ich bin mutiger geworden«, stellt die Angestellte fest. »Und habe gelernt, auf Angriffe überlegt zu reagieren.«

»Weiberkriege« sind für die Karriere Gift. Wo Frauen miteinander arbeiten, menschelt es besonders heftig. Zwar sind auch Männer nicht frei von Neidgefühlen. Aber sie nehmen Konkurrenz eher sportlich und bleiben auf einer sachlichen Ebene. Kolleginnen nehmen berufliche Auseinandersetzungen viel schneller persönlich und reagieren auf Konkurrenzsituationen mit einer Abwehrhaltung. Ohne es jedoch offen zu zeigen – der Zickenkrieg spielt sich vornehmlich hinter dem Rücken der anderen ab. Anders- oder Bessersein wird von so mancher Kollegin mit subtilen Mitteln sabotiert. Wenn Eifersüchteleien hochkochen und zum offenen Streit ausarten, stecken starke Emotionen dahinter. Das kann die Furcht um den Arbeitsplatz sein, aber auch das Gefühl, ausgenutzt oder nicht akzeptiert zu werden. So weit muss es aber nicht kommen. Es gibt wirkungsvolle Strategien, um Konflikte zu lösen oder am besten gleich zu vermeiden. An erster Stelle steht ein zwar kollegialer, aber sachlicher Umgang.

Spielregeln weiblicher Konkurrenz:

- Kleiner Perspektivenwechsel: Versetzen Sie sich in die Lage der Kollegin. Jüngere Neuzugänge werden nicht selten als Nebenbuhlerin wahrgenommen. Neid entsteht immer aus einer Schwäche heraus.

- Irritationen sofort ansprechen – am besten mit »Ich-Botschaften«, die die eigene Sicht der Dinge erklären und der anderen die Angst nehmen.

- In Funktionen denken: Eine Kollegin ist weder Freundin noch intime Gesprächspartnerin. Der Wunsch nach persönlicher Nähe ist ebenso natürlich wie menschlich – aber im Berufsleben fehl am Platz.

- Bewahren Sie sich Ihre positive Einstellung anderen Mitarbeiterinnen gegenüber. Erfolgreiche Frauen lassen sich vom Neid anderer nicht herunterziehen.

➜ So was Arrogantes!

Barbara geht fast der Hut hoch. Was bildet sich dieser Senior-Kollege eigentlich ein! Der wird noch mal an seiner Überheblichkeit ersticken. Die Marketing-Assistentin würde am liebsten in den Hörer beißen. Der Typ nimmt sie einfach nicht ernst. Nach einer Weile platzt ihr der Kragen, und sie schreit ins Telefon. Sofort ist ein lautstarker Schlagabtausch im Gange, von dem sich die mithörenden Kollegen noch lange höchst amüsiert erzählen. Die Geschichte wird in der Firma zum Running Gag. »Bei einem Meeting ein halbes Jahr später haben eine Kollegin und ich einem Geschäftspartner gegenüber die Rollen 'guter Bulle, böser Bulle' eingenommen«, erzählt Barbara. »Jeder hat mich süffisant gefragt, wie es sein könne, dass ausgerechnet ich der gute Bulle bin.« Ihr Fazit: Differenzen lieber persönlich klären, zum Beispiel in einem Meetingraum, und dabei ganz sachlich bleiben. »Gerade als Frau kriegt man mit dem Lautwerden einen schlechten Ruf weg«, hat sie festgestellt. Was bei Männern als »energisches Auftreten« rüberkommt, werde bei Frauen ganz anders registriert. »Da heißt es dann: Die ist 'ne Zicke.«

Auf Herablassung sachlich zu reagieren und verbale Attacken diplomatisch abzufedern ist eine Herausforderung. Am liebsten würde man an die Decke gehen. Oder man fühlt sich auf einmal total unsicher und macht sich vor lauter Zweifeln ganz klein. Schließlich kratzt so ein arroganter Schnösel kräftig am eigenen Selbstbewusstsein. Da speist jemand Ihre Leistung einfach mit einem kühlen Spruch ab?

Zack, das sitzt. So was kann ich mir doch nicht bieten lassen, jault es ganz tief drin in Ihrem Innern, da muss ich mich doch wehren. Ja – indem Sie ganz ruhig bleiben, egal wie sehr der Typ Sie nervt. Und sich klarmachen, dass da nur jemand seine Profilneurose an Ihnen austobt. Das schafft innerlich Distanz. Es geht gar nicht um Sie persönlich. Überheblichkeit kontern Sie am besten mit respektvoller Freundlichkeit. Oft stecken hinter arrogantem Verhalten nur Eitelkeit und Unsicherheit.

Abb. Aufgeblasener Kollege

01 Sachlich reagieren

02 (Emotionalen) Abstand wahren

03 Selber auf dem Boden bleiben

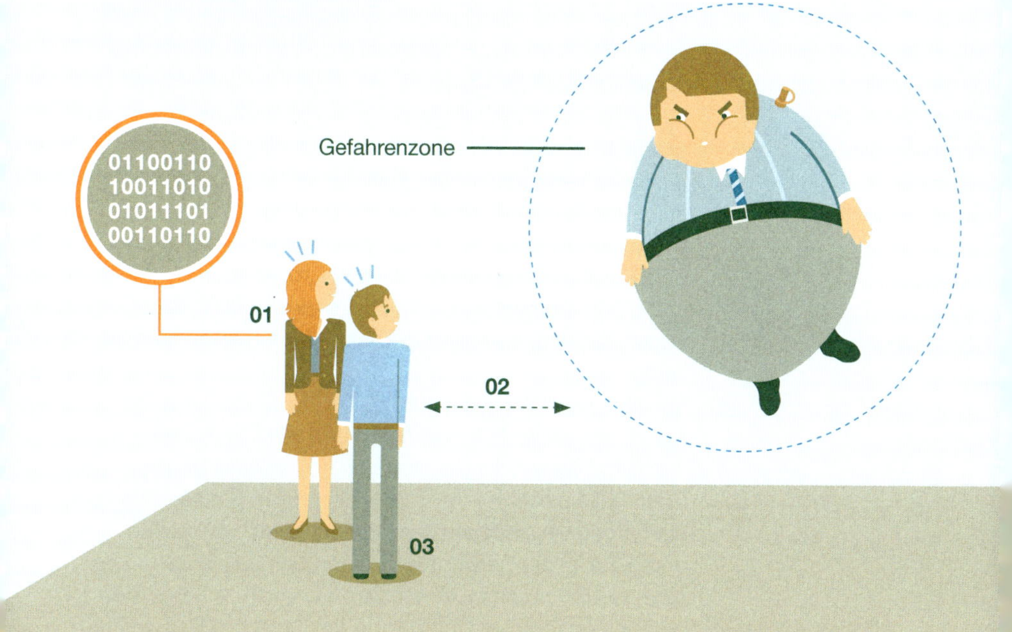

Bloß keinen Streit anfangen! Ignorieren Sie plumpe Angriffe und lassen Sie schneidende Bemerkungen ins Leere laufen. Damit nehmen Sie Ihrem Gegenüber den Wind aus den Segeln.

03 # DER ERSTE MONAT

SCHUSS VOR DEN BUG

Ich habe ja schon einige Betriebe kennengelernt, aber da waren die Leute viel netter. Die haben was von mir gehalten und haben das auch gezeigt. Hier macht jeder sein eigenes Ding. Und der Job sieht auch anders aus als im Vorstellungsgespräch beschrieben. So habe ich mir das nicht vorgestellt.

Es kann eine Menge Gründe geben, wenn der Einstieg nicht so läuft wie gedacht. Möglich, dass Sie mit den Kollegen nicht richtig warm werden. Vom Chef ganz zu schweigen, den Sie in der ganzen Hektik allenfalls von hinten sehen. Und dann natürlich dieser Wust an neuen Regeln und Aufgaben, dem Sie sich noch so überhaupt nicht gewachsen fühlen. Da kann es nach ein paar Wochen schon mal ordentlich in einem gären.

Was tun, wenn's kriselt?

Die zwischenmenschlichen Faktoren sind ganz entscheidend, um in einer neuen Firma gut anzukommen. Aber: Nicht jeder dumme Spruch ist gleich Mobbing. Und dem Rest der Abteilung widmet der Boss womöglich auch nicht mehr Zeit. Sie sind für sich selbst verantwortlich. Also fragen Sie sich, was Sie tun könnten, um die Situation zu verändern.

Voreilig das Weite zu suchen ist keine Lösung. Und: Wer sagt Ihnen, dass es im nächsten Job wirklich anders aussieht? Tolle Kollegen, super Gehalt und ein Spitzen-Chef – das gibt's nur im Traum. Schrauben Sie Ihre Erwartungen ein bisschen herunter und denken Sie auch daran: Es ist ein Tauschgeschäft – Arbeit gegen Geld. Dass sich ein Unternehmen einem Bewerber von seiner besten Seite präsentiert, ist klar. Das haben Sie schließlich auch

%

Mieses Klima: Die Stimmung unter deutschen Arbeitnehmern ist im Keller, das zeigt der Gallup Engagement-Index Jahr für Jahr. Neun von zehn Beschäftigten fühlen sich ihrem Unternehmen kaum verbunden. Jeder Fünfte hat innerlich schon gekündigt.

gemacht. Sicher: Festzustellen, dass vieles im Alltag ganz anders aussieht als gedacht, ist keine Freude. Sich ständig nur die nervigen Dinge durch den Kopf gehen zu lassen ist allerdings Energieverschwendung. Finden Sie lieber heraus, wo die richtig fetten Motivationskiller sitzen. Und halten Sie sich regelmäßig vor Augen, was gut läuft. Die ein oder andere Sache haben Sie sicher schon richtig klasse hingekriegt! Sich ab und zu selbst auf die Schulter zu klopfen ist nicht verboten und hebt die Stimmung.

Wo läuft es schief?

- Kommen Sie mit Arbeitstempo, Umgangsformen und Abläufen klar? Sie können fachlich noch so gut sein: Beherrschen Sie die Spielregeln nicht, machen Sie keinen Schnitt.

- Gab es Zwischenfälle, die für Spannungen gesorgt haben, ein folgenreicher Fehler zum Beispiel? Eine schnörkellose Entschuldigung wirkt manchmal Wunder.

- Mischt jemand die Truppe gegen Sie auf? Dahinter könnte sich Neid verbergen. Die Kollegen mauern? Mit Vorwürfen kommen Sie nicht weiter. Picken Sie sich einen zugänglich erscheinenden Zeitgenossen heraus und lassen Sie sich auf die Sprünge helfen. Woran liegt's, dass Sie außen vor bleiben?

- Herrscht allgemein ein mieses Klima? Dann stecken vielleicht sachliche Gründe dahinter: schlechte Zahlen, hoher Druck, ungeklärte Zuständigkeiten. Ein Neuer wird da leicht zum Blitzableiter.

- Kritik vom Chef? Seien Sie froh. Solange er offen anspricht, was ihm nicht gefällt, haben Sie die Möglichkeit gegenzusteuern (siehe S.100).

CHEFSACHE

Es ist so frustrierend. Ich mache und tue, strenge mich an – und hänge trotzdem völlig in der Luft. Nie gibt es Rückmeldungen, geschweige denn Lob. Der Chef hat mich noch nicht ein einziges Mal darauf angesprochen, wie er zu meinen bisherigen Leistungen steht. Ich glaube, ihm ist es ganz egal, was ich mache. Dabei ist die Präsentation letzte Woche super gelaufen, das habe ich genau gemerkt. Aber Anerkennung von oben? Fehlanzeige.

Sie wollen ein Einzelgespräch beim Chef? Nicht einfach unangemeldet hereinschneien. Holen Sie sich einen Termin bei seiner Sekretärin, sie hat den Überblick. Und geben Sie gleich an, wie viel Zeit Sie brauchen – nämlich möglichst wenig!

Ich kriege kein Feedback!

Willkommen im Club! Lob vom Boss ist so selten wie Wasser in der Wüste. Jobeinsteiger sollten nicht zu viel erwarten. Frei nach dem Wahlspruch: »Nicht geschimpft ist schon gelobt.« Sicher: Nichts beflügelt so sehr wie ein ausdrückliches Kompliment aus dem Mund des Chefs. Aber das scheint sich noch immer nicht herumgesprochen zu haben. Unter fehlender Resonanz wird in deutschen Büros jedenfalls flächendeckend gelitten. Keine Klage ist häufiger zu hören. Mögliche Gründe gibt es genug. Auch Chefs stehen stark unter Druck und sind mit dem Kopf oft ganz woanders. Sich mit den Leistungen von Mitarbeitern konkret auseinanderzusetzen erfordert Aufmerksamkeit. Freiwillig wird die nur selten geschenkt. Manchmal liegt es auch an fehlender Sachkenntnis. Womöglich ist Ihr Chef fachlich gar nicht in der Lage einzuschätzen, wie brillant Ihre Ergebnisse eigentlich sind! Wie auch immer: Lassen Sie sich nicht abwimmeln. Fragen Sie ganz direkt, was gut gelaufen ist an Ihrem Projekt und ob Ihr Chef – oder Ihre Chefin! – mit dem Ergebnis zufrieden ist. Warten Sie nicht darauf, dass jemand zu Ihnen kommt, holen Sie sich Reaktionen. Legen Sie dem Chef Ihre Arbeitsergebnisse doch einfach zur Bewertung vor – am besten garniert mit der Bitte um Verbesserungsvorschläge. Dann muss er Stellung nehmen. Keine falsche Bescheidenheit. Fordern Sie ein, was nötig ist: Gesprächstermine, Feedback, Fortbildungen. Wenn Sie nicht sagen, was Sie wollen, bekommen Sie garantiert nicht, was Sie brauchen.

Zum Tangotanzen gehören immer zwei …

Wenn er grußlos hereinstürmt, ist der Tag schon gelaufen. Nichts kann die Stimmung im Büro so gründlich vermiesen wie die schlechte Laune des Chefs. Verbale Rundumschläge, gerne auch per Mail, cholerische Auftritte und kein Wort zu den vielen Überstunden in der letzten Woche. Die Klagen über inkompetente und unangenehme Vorgesetzte sind Legion. Angeblich ziehen Mitarbeiter durchschnittlich vier Stunden pro Woche über ihre Chefs her. Was aber auch nicht wirklich weiterhilft. Sich als armes Opfer zu sehen und um Mitleid zu buhlen ist zwar schön bequem, ändert jedoch gar nichts. Hilfreicher ist es, auf den eigenen Part zu schauen. Denn wie heißt es so schön: Rolle braucht Gegenrolle. Wer geführt wird, lässt sich auch führen. Wenn es zur lieben Gewohnheit wird, dass Sie jeden Abend Überstunden kloppen, lassen Sie sich womöglich allzu leicht ausnutzen. Der Chef schreit ausgerechnet Sie ständig an? Dann wissen die anderen ihn offenbar besser zu nehmen. Beobachten Sie das Verhalten Ihrer Kollegen. Wer kommt mit dem tyrannischen (wahlweise aalglatten/peniblen/arroganten) Gehabe besonders gut klar, von wem könnten Sie sich eine Scheibe abschneiden? Es lohnt sich, genau hinzuschauen. Wie verhalten sich Kollegen in schwierigen Situationen; was machen sie anders? Welche Strategien könnten Sie übernehmen?

Nehmen die Kollegen auch kurz vor Feierabend noch Aufträge an ohne zu murren … Oder ziehen sie sich geschickter aus der Affäre? Nachmachen!

Sie können Ihren Chef nicht ändern. Aber Sie sind seinem Führungsstil keineswegs hilflos ausgeliefert. Ihr Verhalten beeinflusst seine Reaktion. Da ist es hilfreich zu wissen, wie er tickt und wie Sie sich am besten auf ihn einstellen.

Der Aufsteiger

Hier wird mit harten Bandagen gekämpft. Der Aufsteiger arbeitet mit allen Tricks und hat keine Skrupel, seine Ellenbogen dabei tatkräftig einzusetzen. Die Karriere ist ihm außerordentlich wichtig – aber vor allem als Mittel zum Zweck. Aufmerksamkeit und strahlende Bewunderung sind sein Lebenselixier. Mangels eigener Ideen geht er zwanglos mit den Ergebnissen anderer hausieren. Und er spinnt feine Intrigen. Von seinen Knechten erwartet er andächtiges Interesse und aufopfernde Unterstützung. Wehe, es werden auch nur leise Zweifel an seinen Qualitäten laut. Dann schlägt er gnadenlos zurück.

Bedienungsanleitung

Eine harte Nuss, vor allem für offene, engagierte und sachbezogene Typen. Wie Sie? Dann geben Sie Ihrem Chef niemals das Gefühl, Sie hätten mehr drauf als er. Tröpfeln Sie seinem schwächelnden Selbstwertgefühl die tägliche Dosis Anerkennung ein und verbrämen Sie fachliche Kritik mit einem Hauch von zuckersüßem Gift: »Ein spannendes Projekt! Sicher ist es ganz in Ihrem Sinne, wenn wir …« Er wird dahinschmelzen wie Schnee in der Sonne.
Aber seien Sie auf der Hut. Dieser Typ verursacht oft Chaos. Und wer ist schuld? Natürlich … Sichern Sie wichtige Entscheidungen deshalb immer schriftlich ab. Und bringen Sie Geistesblitze nie unter vier Augen an den Mann.

Der Ansichreißer

Aktenstapel sind ihm ein Dorn im Auge. Der Ansichreißer ist ein ganz Penibler. Entscheidungen werden erst dann gefällt, wenn alle Variablen durchgespielt sind. Kreatives Chaos? Das wäre für ihn der Anfang vom Ende. Dieser Chef strampelt sich im Hamsterrad ab. Alles muss er selber machen. Schließlich ist niemand so gewissenhaft und zuverlässig wie er. Aufgaben delegieren? Ein Fremdwort für diese Kontrollfreaks, die sich vor lauter Sicherheitsbedürfnis ziemlich autoritär aufführen. Dass bloß nichts aus dem Ruder läuft!

Bedienungsanleitung

Stürmen Sie keinesfalls bei der erstbesten Gelegenheit auf den Chef zu und tragen ihm Ihre neueste Idee vor. Er wäre völlig überrumpelt. Nichts Überzeugenderes kann es für diesen Typus geben als Statistiken, Analysen, Meinungsumfragen. Spontane Menschen gehen hier ein wie Primeln. Es sei denn, sie verschaffen sich Freiraum. Das geht nur, wenn Sie sich Vertrauen erarbeiten und die Ängste Ihres Chefs durch Zuverlässigkeit und Berechenbarkeit zerstreuen. Zum Beispiel, indem Sie ihm entgegenkommen. Bleiben Sie immer schön sachlich, berichten Sie über Zwischenstände und legen Sie Vorgänge vorausschauend auf den Tisch. Wer diesem ausgeprägten Wunsch nach Ordnung und Struktur entspricht, erarbeitet sich Stück für Stück ein relativ eigenständiges Tun.

Der Ahnungslose

Bei ihm fragt man sich täglich, warum er sitzt, wo er sitzt. Er hat keinen Durchblick, will es sich aber auch mit niemandem verderben. Dass es im Fachlichen hapert, müsste kein Beinbruch sein. Wofür hat der Chef seine Experten? Aber dieser Typ eiert ständig herum. Um Entscheidungen schlägt er einen großen Bogen, vor Konflikten schreckt er zurück. Am liebsten lässt er alles laufen. Und merkt gar nicht, dass seine Leute im Regen stehen.

Bedienungsanleitung

Nett bleiben. Sobald dieser Chef spürt, was Sie von ihm halten, haben Sie ihn im Nacken. Schließlich lebt er in ständiger Überforderung – und der Angst, bloßgestellt zu werden. Ersparen Sie ihm allzu ehrliche Reaktionen (»Das kann doch nicht gut gehen!«) und üben Sie sich in der hohen Kunst der Diplomatie.
Dilettantische Chefs haben sensible Antennen und werden Kritiker spüren lassen, wer oben ist und wer nicht. Wenn Sie gute Ideen haben: Leiten Sie ihn behutsam an Ihre Vorstellungen heran – schließlich wollen Sie den Karren ja nicht vorsätzlich mit in den Dreck fahren. Gehen Sie taktisch geschickt vor. Zum Beispiel, indem Sie kritische Punkte zu einem späteren Zeitpunkt nochmal ansprechen. Gekoppelt mit einem »ergänzenden« Vorschlag.

Der Ausraster

Einen Tag freinehmen? »Was fällt Ihnen eigentlich ein!« Manchmal reicht eine harmlose Bitte, ein fragender Blick, und schon führt sich der Chef auf, als würden Sie noch in dieser Stunde die Firma ruinieren. Im besten Fall kommen solche Anfälle nur gelegentlich vor. Schlimmstenfalls haben Sie es mit einem Tyrannen zu tun, dessen Tag gerettet ist, wenn er sich an Ihnen austoben kann. Wer einmal einem Choleriker gegenübergestanden hat, der brüllend seinen Ärger rauslässt, weiß: Gegenwehr ist zwecklos.

Bedienungsanleitung

Widerspruch wirkt beim Choleriker wie der Funke auf ein Pulverfass. Argumente sind hier völlig fehl am Platz. Aber Vorsicht: Bangemachen gilt auch nicht. Sie können Tobsuchtsanfälle einfach nicht ertragen? Dann konzentrieren Sie sich beim nächsten Mal auf irgendetwas ganz Banales. Malen Sie sich aus, welche Marmelade sich der Typ morgens wohl aufs Brötchen schmiert, oder verfolgen Sie das An- und Abschwellen seiner Zornesader.
Hauptsache, Sie bleiben ruhig und senken nicht voller Demut das Haupt. Denn der Ausraster reagiert wie eine Raubkatze: Erklären Sie den Kampf, wird er umso bissiger. Rennen Sie weg, fasst er nach. Was nicht heißt, dass Sie sich alles bieten lassen müssen. Wenn die Situation aus den Fugen gerät, lassen Sie den Chef einfach stehen. Und geben klipp und klar zu verstehen, dass Sie über das Problem gerne mit ihm reden. Aber in einem anderen Ton.

03

DER ERSTE MONAT

FETTNÄPFCHEN IM ERSTEN MONAT

Sich den Parkplatz direkt vor dem Eingang schnappen
Ist natürlich eine gute Methode, um ein paar Meter Fußweg zu sparen und pünktlich im Büro zu erscheinen. Verärgert aber sehr wahrscheinlich einen Ihrer Bosse.

Schlag 5 den Stift fallen lassen
Interpretieren Sie die Arbeitszeit lieber ein bisschen großzügiger und lernen Sie die Spielregeln kennen. Wie machen es die anderen?

»Ich kann eigentlich gar nichts dafür!«
Bei Kritik loszujammern ist genauso verfehlt wie Ausflüchte zu suchen. Anhören, drüber nachdenken, besser machen.

Munter bei irgendwem drauflos fragen
Noch haben Sie keinen Plan, wer mit wem gut kann und wo Koalitionen bestehen. Antennen ausfahren und das Miteinander gut beobachten, bevor Sie persönlich werden.

»Ich habe da eine viel bessere Idee!«
Im Meeting mit einem besonders innovativen Vorschlag vorzupreschen kommt in dieser Phase nicht gut an. Erarbeiten Sie sich erst mal einen festen Platz in der Rangordnung.

»Schlimm, das mit dem Papst!«
Heikle Themen haben beim Smalltalk vor dem Aufzug oder in der Kantine nichts verloren. Warum auch? Im neuen Job gibt's immer was zu sagen.

»Mir gefällt's hier super, Mama!«
Schön. Aber telefonische Gespräche mit Freunden oder der Familie verlegen Sie lieber auf den Abend.

CHECKLISTE

Was habe ich geschafft?
Habe ich mich mit meinem Arbeitsgebiet einigermaßen vertraut gemacht? Welche Aufgaben habe ich erledigt? Wo arbeite ich schon weitgehend selbstständig? An welchen Stellen habe ich bereits ein bisschen Routine gekriegt? Welches Fachwissen habe ich mir angeeignet?

☐

Wen kenne ich schon?
Wohin habe ich Kontakte geknüpft? Welche gehen über mein eigentliches Arbeitsgebiet hinaus? Mit wem habe ich besonders viel zu tun? Welche Kollegen haben mir besonders weitergeholfen? Bei welchen Personen ist Vorsicht angesagt?

☐

Lob und Preis?
Wie sehen die Reaktionen auf meine Arbeit aus? Wird mir Anerkennung entgegengebracht – oder ist offene Wertschätzung im Unternehmen generell eher unüblich? Hatte ich schon die Möglichkeit, mit dem Chef über meine Leistungen zu sprechen? Falls nein: Woran könnte das gelegen haben? Was habe ich dafür getan, um Feedback zu kriegen?

☐

Wo fehlt es noch?
Was ist nicht so gut gelaufen in den ersten Wochen? Ist mir klar, woran es gelegen hat? Habe ich etwas verändert, um in Zukunft besser gewappnet zu sein? Welche Situationen sind nach wie vor besonders schwierig? Was könnte ich tun, um damit besser klarzukommen? Was könnte mir helfen? Wen könnte ich um Unterstützung bitten?

☐

4

DIE ERSTEN 100 TAGE

Klar, dass die ersten Monate im Job nicht nur rund laufen. Das ist jedoch kein Grund, gleich zu verzweifeln! Mit ein bisschen Strategie lässt sich der Alltag in den Griff kriegen.

Warum warten wie bestellt und nicht abgeholt? Wenn von Ihrem Chef kein Feedback kommt, holen Sie es sich.

Das Geschäftsleben ist voller Tücken. Vor allem in Verhandlungen kann es ganz schön zur Sache gehen.

Gerade in der Anfangszeit verzettelt man sich leicht. Kleiner Trost: In 20 % Ihrer Zeit schaffen Sie 80 % der Arbeit.

Nicht zu perfektionistisch sein! Laut Pareto-Prinzip erledigen wir 80 % der Arbeit in nur 20 % der zur Verfügung stehenden Zeit. Für das restliche Fünftel wenden wir dagegen satte 80 % auf.

LAND UNTER

Ich weiß gar nicht mehr, wo ich anfangen soll! Auf meinem Schreibtisch türmen sich jetzt schon die Stapel, und ich kriege ständig neue Anfragen auf den Tisch. Jeden Abend bleibe ich länger und komme trotzdem nicht so richtig voran. Wenn der Chef wenigstens nicht so einen vorwurfsvollen Ton anschlagen würde. Ist doch wohl klar, dass ich nicht alles auf einmal schaffen kann.

Keine Panik!

Großer Druck ist gerade am Anfang ganz normal. Als Neuling brauchen Sie für alles ein bisschen länger. Was für andere längst zur Routine gehört, geht Ihnen noch nicht so von der Hand. Wie sollte es auch? Planen Sie deshalb von vornherein etwas mehr Zeit ein und seien Sie nicht zu streng mit sich. Stecken Sie Ihre Energie lieber in ein kluges Zeitmanagement. Zum Beispiel, indem Sie To-do-Listen anlegen. Für die meisten Menschen ist schriftliches Planen eine wirksame Methode, um die Zeit in den Griff zu kriegen. Und das mit Spaß! Schließlich ist es ein schönes Gefühl, eine Aufgabe nach der anderen abzuhaken. Auch ganz wichtig: Tragen Sie den Berg, der sich angesammelt hat, schrittweise ab. Überschaubare Teilaufgaben lassen sich viel leichter bewältigen und bringen Erfolgserlebnisse. Stressig wird's dann, wenn man nicht schafft, was man sich vorgenommen hat. Kleiner Tipp am Rande: Herrlich ruhig ist es frühmorgens im Büro. Diese stillen Stunden lassen sich bestens nutzen, um sich auf besonders anspruchsvolle Aufgaben zu konzentrieren.

TIPPS ZUM ZEITMANAGEMENT

Nehmen Sie sich Ihren Schreibtisch vor und verschaffen Sie sich einen Überblick. Sortieren Sie Unterlagen und Notizen mit System. Dann finden Sie auch wieder, was Sie suchen.	**Hilfe, meine Ablage quillt über!**
Nicht alles, was wichtig ist, muss auch gleich erledigt werden. Setzen Sie Prioritäten – zum Beispiel mit Hilfe der ABC-Analyse. Sie unterscheidet Aufgaben mit hohem, mittlerem und geringem Vorrang. Wo hat der Chef ein Auge drauf, was lässt sich auch auf morgen verschieben? Wenn Sie nicht sicher sind, fragen Sie bei einem erfahrenen Kollegen nach.	**Wo soll ich nur anfangen?**
Eine Aufgabe erscheint Ihnen schier unüberwindbar – und Sie bringen es einfach nicht über sich, damit anzufangen? Vielleicht könnten Sie jemanden um Starthilfe bitten.	**Das ist zu hoch für mich!**
Springen Sie nicht von einem Thema zum nächsten, das kostet viel Aufmerksamkeit. Bündeln Sie Aufgaben und bringen Sie eine logische Reihenfolge hinein. Und bleiben Sie bei der Sache! Hier ein Pläuschchen und da ein Telefonat lenken ab. Und sind nicht selten Ausdruck einer ausgeprägten Aufschieberitis. So kriegen Sie nie die Kurve!	**Ich tanze auf tausend Hochzeiten!**
Setzen Sie sich – realistische! – Zielzeiten. Und klopfen Sie sich auch mal selbst auf die Schulter, wenn Sie es geschafft haben. Das spornt an und schafft Verbindlichkeit.	**So sitze ich hier morgen noch!**
Signalton aus! Bei jedem »Pling« neu eingehende Mails zu lesen ist Zeitverschwendung. Es reicht, in regelmäßigen Abständen nachzuschauen – wie oft, liegt am Job.	**Ständig kommt was dazwischen!**

WO STEHE ICH?

Na toll, ich sehe meine Chancen schwinden. Das hörte sich ja nicht gerade begeistert an – »Wir sollten über Ihre Zukunft in unserem Unternehmen sprechen«. Was der Chef wohl von mir erwartet? Ich habe schon richtig Bammel vor dem Termin.

Das erste Mitarbeitergespräch

Wenn sich der Chef die Mühe macht, Ihnen Feedback zu geben, sind Ihre Karten nicht schlecht. Er muss Interesse an Ihnen haben, sonst würde er seine Zeit nicht in Sie investieren. In der Probezeit könnte er Sie gehen lassen, ohne auch nur einen Grund nennen zu müssen. Es ist also durchaus ein positives Zeichen, wenn Sie einen Termin bei ihm haben. Und wer sagt, dass er Ihnen nicht in mancher Hinsicht auch Erfreuliches mitzuteilen hat?

Trotzdem bereitet das erste Mitarbeitergespräch vielen Jobeinsteigern enorme Bauchschmerzen. Das fängt schon bei der Frage an, wann es eigentlich stattfinden soll. Und wer den ersten Schritt tut. Warum abwarten, was sich ergibt? Gerade wenn sich kritische Blicke am Arbeitsplatz häufen oder Unklarheiten auftauchen, gibt es gar keinen Grund 100 Tage bis zum Vieraugentermin verstreichen zu lassen. Im Gegenteil: Je eher Probleme oder Fragen auf den Tisch kommen, desto besser. Klar: Eigentlich ist es Sache des Vorgesetzten, sich um seine Schäfchen zu kümmern. In der Praxis sieht es allerdings häufig anders aus – das hängt stark vom Unternehmen ab. Während Feedbackgespräche in größeren Firmen und in bestimmten Branchen einen festen Platz haben und nach institutionalisierten Regeln ablaufen, gelten in anderen Betrieben eher lässige Formen der Personalführung. Mit einem dahingeworfenen »Passt

Wer fragt, der führt.
Das gilt auch für Mitarbeiter. Lassen Sie sich nicht an die Kandare nehmen. Mit wohlüberlegten Fragen lenken Sie ein Gespräch in Ihre Richtung.

schon!« sollte man sich dennoch genauso wenig abfinden wie mit Pauschalkritik. Zwar ist es beruhigend zu hören, dass alles in Ordnung ist. Aber mehr lässt sich mit so einer Aussage auch nicht anfangen. Und Sie wollen sich doch entwickeln, oder?

➜ Informelles Feedback nutzen

Das Ende der Probezeit naht. Elektrotechniker Jan hat ein gutes Gefühl, aber Genaueres hat er von seinem Chef noch nicht gehört. »Ein 100-Tage-Gespräch mag zwar auf der To-do-Liste des Vorgesetzten stehen, weil ihm das die Personalabteilung eingebrockt hat, aber es muss nicht zwangsläufig stattfinden«, stellt er fest. Der Jobeinsteiger nimmt es seinem Chef nicht mal übel. Er sieht selbst, dass der ständig überlastet ist und von einem Meeting zum nächsten hetzt. In der Kantine geht Jan auf seinen Vorgesetzten zu. »Daraus ergab sich spontan die Gelegenheit, das offizielle Gespräch ganz unformal in eine Kaffeepause einzubinden.«

In welchem Rahmen so ein Gespräch stattfindet, spielt keine Rolle. Manche Vorgesetzte nutzen die Tasse Kaffee in der Kantine ganz bewusst, um der eher steifen Büroatmosphäre zu entfliehen. Entscheidend ist, dass Sie die Chance erhalten – und ergreifen! –, sich eine ehrliche Rückmeldung einzuholen. Überlegen Sie sich vorab konkrete Fragen. Zum Beispiel: Welchen Eindruck hat Ihr Vorgesetzter von Ihnen und Ihrer Arbeit, wo sieht er Schwächen, und wie könnten Sie gezielt an Verbesserungen arbeiten? Keine Angst vor unangenehmen Wahrheiten! Ein unter vier Augen geführtes

Mitarbeitergespräch bietet die seltene Gelegenheit, Punkte anzusprechen, die sich nicht zwischen Tür und Angel klären lassen. In einer späteren Phase kann das der Wunsch nach einem Karrieresprung oder einer Gehaltserhöhung sein. Jetzt geht es jedoch erst einmal darum zu erfahren, wo Sie stehen und ob Sie die Erwartungen Ihres Chefs und der Firma erfüllen.

Nur Lob und Preis? Ruhen Sie sich lieber nicht darauf aus. Sie wissen selbst am besten, wo Sie sich noch unsicher fühlen, an welchen Stellen Sie gute Tipps gebrauchen könnten, vielleicht auch eine Weiterbildung. Gehen Sie mit einer klaren Erwartungshaltung in das Gespräch und sprechen Sie offene Punkte von selbst an. Nur das bringt Sie weiter und eröffnet neue Perspektiven. Fremdbild und Eigenbild klaffen bekanntlich nicht selten weit auseinander. Einem fachlich hoch qualifizierten, wieselflinken Mitarbeiter ist die Erkenntnis womöglich völlig neu, dass er bei seinem Tempo zu Flüchtigkeitsfehlern neigt. Einem anderen ist nicht bewusst, dass er keinen Blickkontakt halten kann. Holen Sie sich eine andere Sicht auf die eigene Leistung. Das kann wehtun – jede Beurteilung ist nun mal subjektiv, und längst nicht jeder Vorgesetzte versteht es, Kritik mit formvollendeter Sachlichkeit zu präsentieren. Doch selbst wenn Sie nie Geahntes zu hören kriegen: Zetteln Sie auf gar keinen Fall Diskussionen an. Damit landen Sie in Teufels Küche. Versuchen Sie lieber, das Feedback anzunehmen, und prüfen Sie für sich selbst, was Sie davon umsetzen können.

Holen Sie sich Meinungen von mehreren Seiten ein. Auch die Kollegen haben ihre ganz eigene Sicht auf Sie und Ihre Leistungen. Aber überlegen Sie gut, wen Sie um Rückmeldung bitten.

Abb. Vor dem Mitarbeitergespräch

01 Locker machen

02 Aufgeschlossen ins Gespräch gehen

Abb. Das spontane Mitarbeitergespräch

Leider habe ich heute Nachmittag keine Zeit, lassen Sie uns das gleich hier besprechen.
Publikum

Sie haben sich einen Termin beim Chef besorgt, und jetzt kommt ihm was dazwischen? Nicht gleich beleidigt reagieren. Besser freundlich lächeln und am Ball bleiben. Nutzen Sie auch informelle Situationen für ein Gespräch.

GUTE HALTUNGSNOTEN IM FEEDBACKGESPRÄCH

Gründlich vorbereiten	Welche Themen sind wichtig, welche Punkte wollen Sie auf jeden Fall besprechen? Gehen Sie mit einem klaren Ziel ins Gespräch.
Bilanz ziehen	Gab es bereits gemeinsam getroffene Vereinbarungen? Die sollten Sie parat haben, und eine kleine Bilanz ziehen können.
Was ist bislang gut gelaufen, was schlecht?	Wenn Sie sich an Ihrem Platz wohlfühlen, können Sie ruhig die positiven Seiten betonen. Anerkennende Worte über jene Kollegen, die Sie in der Anfangsphase besonders unterstützt haben, kommen auch gut an.
»Was könnte ich besser machen?«	Offensiv vorgehen und ehrliche Reaktionen einholen. Sie haben nichts davon, wenn Ihnen jemand Honig um den Bart schmiert.
Kritik als Chance sehen.	Auch wenn's schwer fällt: Zuhören, tief durchatmen und wirken lassen. Bloß nicht dagegenreden (»Ja, aber ...«). Was könnten Sie tun, um in Zukunft einen anderen Eindruck zu hinterlassen?
Nachfragen erwünscht	Gezieltes Nachfragen ist völlig in Ordnung, ja sogar gewünscht. Aber immer schön konstruktiv bleiben (»Was könnte ich an der Stelle besser machen?«).
Blick nach vorne	Loten Sie Ihre beruflichen Perspektiven im Unternehmen aus. Ziele sollten messbar, realistisch, herausfordernd und unmissverständlich formuliert sein. Was könnte die Firma für Sie tun, welche Unterstützung wünschen Sie sich?

VORSICHT FALLE!

Jede Firma tickt anders. Aber im spontanen Mitmenschlichen lauern in jedem Betrieb besonders gefährliche Fallen – vor allem für neue Mitarbeiter. Ein eher verschlungener Dienstweg, der sich über die Jahre entgegen allen Gesetzen der Logik entwickelt hat, kann ebenso zum Fallstrick werden wie Verbrüderungsaktionen beim Betriebsfest oder Amors Pfeil im Büro. Dabei immer den richtigen Punkt zwischen Nähe und Distanz zu finden ist ein Balanceakt.

Weihnachtsfeier und Co.

Das Spektrum betrieblicher Zusammenkünfte ist groß. Einstand, Geburtstagsumtrunk, Weihnachtsfeier ... Wer zu den Alphatierchen gehört und wer zu den Angsthasen, lässt sich bei diesen Veranstaltungen ganz wunderbar beobachten. Eine großartige Gelegenheit, um sich einen Überblick zu verschaffen und sich selbst zu positionieren. Was sich offenbar nicht herumgesprochen hat, denn als Karriere-Sprungbrett werden sie nur selten gesehen. Dabei ist jeder Termin zum gemeinsamen Wichteln viel mehr als ein geselliges Beisammensein. Vom Praktikanten bis zum Vorstandsvorsitzenden, hier können sich alle mal von einer lockeren Seite zeigen. Das hat allerdings seine Tücken. Ein aufgeschlossenes Auftreten ist zwar unbedingt erwünscht. Die Chefs beobachten jedoch sehr genau, wie sich ihre Mitarbeiter im halbprivaten Kreis verhalten. Wer sich großzügig am Büfett bedient, dem Kellner behände die Flasche entwendet oder eine nach der anderen raucht, offenbart schnell, dass er sich nicht im Griff hat. Auch ein leerer Magen kann einem die Tour vermasseln. Ein, zwei Gläschen, und die Kontrolle ist dahin, eine wichtige Chance vertan. Wann haben Sie schon die Möglichkeit, in einem so großen Kreis einen positiven und sympathischen Eindruck zu hinterlassen?

Mit einer **witzigen Rede**, einem originellen Beitrag oder einfach einem angenehm lockeren Auftreten werden bei Firmen-Events selbst die Neuen von ganz oben wahrgenommen.

Abb. Party-Knigge

01. Kneifen gilt nicht! Arbeitnehmer haben zwar keine Teilnahmepflicht. Aber Achtung: Fernbleiben wirkt immer arrogant.

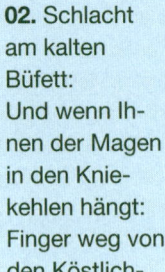

02. Schlacht am kalten Büfett: Und wenn Ihnen der Magen in den Kniekehlen hängt: Finger weg von den Köstlichkeiten! Vor der offiziellen Eröffnung geht gar nichts. Und dann lieber mehrfach gehen, als Riesenberge an Chef und Vorstand vorbei zu balancieren.

03. Was ziehe ich an? Die Abendgarderobe bleibt im Schrank. In der Regel reicht Dienstkleidung, wie sie auch sonst im Unternehmen üblich ist. Auf keinen Fall schicker als der Chef.

04. Im Gespräch berufliche Pläne ansprechen? Falscher Ort zur falschen Zeit. Es sei denn, der Chef spricht das Thema von selber an. Den Bogen aufgreifen, Interesse signalisieren – und Details auf einen geeigneteren Zeitpunkt verschieben.

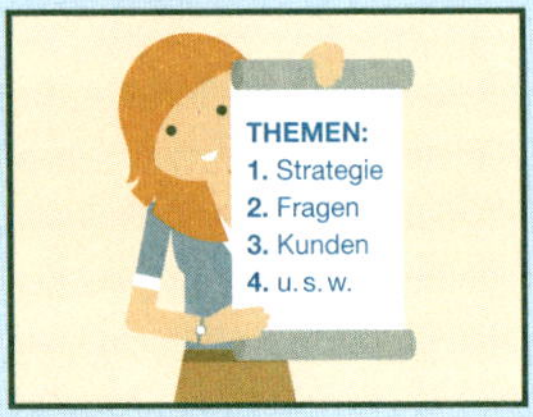

05. Hilfe, der Chef will mich duzen! Zurückweisen ist riskant. Aber am nächsten Morgen erst mal in Deckung bleiben und abwarten, wie er Sie anspricht. Da kann die Sache schon wieder ganz anders aussehen.

Lieber gar keinen Alkohol trinken? Nicht nötig – aber in Maßen, und dazu viel Wasser trinken. Auf keinen Fall ausgehungert kommen.

Auf eine letzte Zigarette ...

Gewöhnen Sie es sich lieber gleich ab. Raucher haben inzwischen überall einen schweren Stand – auch im Job. Wer mitten im Meeting nervös an der Schachtel fingert oder in stressigen Situationen häufiger mal verschwindet, gibt kein besonders souveränes Bild ab.

Die Umsetzung des Nichtraucherschutzgesetzes wird je nach Unternehmen sehr unterschiedlich gehändelt. In jedem dritten Betrieb können sich Nikotinjunkies nicht mal mehr Nischen suchen: Dort herrscht absolutes Rauchverbot. Das macht es irgendwie auch schon wieder leicht. Als Neueinsteiger werden Sie schließlich nicht den Rambo spielen und auf Gedeih und Verderb das Päckchen zücken. Die Interessen der Nichtraucher haben jedoch in jedem Fall Priorität. Haariger wird's dort, wo die Regelungen noch nicht so streng sind und Sie im gemeinsamen Büro auf einen alteingesessenen Raucher treffen. Der wird sich von seiner liebgewonnenen Nebenbeschäftigung kaum freiwillig trennen. Da ist Fingerspitzengefühl gefragt, um nicht gleich für noch dickere Luft zu sorgen. Rein rechtlich hätten Sie natürlich die Fäden in der Hand. Aber vielleicht tut es auch ein Kompromiss.

Es gibt keinen Anspruch auf Raucherpausen! Arbeitgeber können die Zigarettenpäuschen sogar nacharbeiten lassen.

Kurze Dienstwege

Kennen Sie das? Sie organisieren ein Projekt oder eine Veranstaltung. Zufällig kriegen Sie mit, dass über Ihren Kopf hinweg Absprachen getroffen worden sind, ohne dass Sie etwas davon mitbekommen haben. Ein blödes Gefühl. Nicht, dass Sie in der Sache unbedingt etwas dagegen gehabt hätten. Aber Sie wären schon gerne gefragt worden. So oder so ähnlich spielt sich das auch in Unternehmen ab – tagtäglich. Wer wofür zuständig ist, läuft nach ganz eigenen Regeln ab, die häufig mit Gewohnheiten, mit persönlichen Vorlieben und mit Rangordnungen zu tun haben.

DIE ERSTEN 100 TAGE

Sie haben eine super Idee – aber Ihr Vorgesetzter springt nicht drauf an? Niemals, aber wirklich NIEMALS der Versuchung erliegen, bei Gelegenheit einfach mal den Chef-Chef darauf anzusprechen. Sie werden es sich nie verzeihen.

Anmache oder Kompliment? Was der eine als knisternde Belebung des trüben Alltags empfindet, überschreitet für andere die Regeln des guten Geschmacks. Da droht schnell das rote Kärtchen, das Allgemeine Gleichbehandlungsgesetz (AGG).

Klar, oft lassen sich Dinge viel zügiger vorantreiben, wenn man den »kleinen Dienstweg« nimmt. Als Neueinsteiger sollten Sie sich jedoch nicht dazu verführen lassen, mal eben den Kollegen Meier zu kontakten, weil Sie den schon viel besser kennen als den eigentlich Zuständigen. Quer durch alle Ebenen zeigen sich Verantwortliche nachhaltig in ihrer Eitelkeit verletzt, wenn sie übergangen werden. Da bekommen Sie es schnell mit ausgeprägtem Revierverhalten zu tun. Langfristig werden Sie mit Sicherheit auch gefahrlose Abkürzungen finden. Bis dahin gilt: Sorgfältig die Zuständigkeiten in Ihrem Umfeld überprüfen und penibel dran halten!

Flirt im Büro

Nein, wie romantisch! Etwa die Hälfte aller Paare soll sich im Job kennengelernt haben. Wünschen Sie es sich nicht. Denn kompliziert wird es immer, wenn Amor im Büro zuschlägt. Für Neueinsteiger sowieso. Die harmlose Variante: Ihr Lover sitzt in einer ganz anderen Abteilung. Dann haben Sie was vom gemeinsamen Feierabend, und der Fall hat sich erledigt – sofern Sie sich in diesen anstrengenden ersten Wochen und Monaten noch auf Ihre Aufgaben konzentrieren können. Arbeiten Sie eng zusammen, ist die Lage schon heikler. Als Paar werden Sie Privatleben und Job auf Dauer kaum trennen können. Die augenzwinkernd neugierigen Blicke in der Kantine sind vorprogrammiert. Ob sie wohl zusammen sitzen und wie sie wohl miteinander umgehen werden? Ein Spießrutenlauf. Wenn dann auch noch die Hierarchie ins Spiel kommt, ziehen Jobeinsteiger zwangsläufig den Kürzeren. Wie sollen Kollegen entspannt mit Ihnen umgehen können, wenn Sie einen so direkten Draht nach oben pflegen?
Die Konsequenz: Einer von beiden müsste sich versetzen lassen oder die Firma wechseln. Dreimal dürfen Sie raten, wer das wäre.

Geht die Romanze zu Ende, ist das auch kein Spaß. Wer will seinem Ex schon jeden Morgen am Arbeitsplatz begegnen? Übrigens: Nirgendwo ist der Flirt-Faktor am Arbeitsplatz so hoch wie bei Betriebsfeiern. Vor notorischen Kavalieren hilft nur die möglichst elegante Flucht in die Gesellschaft anderer.

Abb. Flirt im Büro

Es ist eine Illusion zu glauben, Sie könnten die Romanze – zumindest zunächst mal – geheim halten. Der Flurfunk erweist sich in Gefühlsdingen als ausgesprochen zuverlässiges Medium.

EXTRA

E-MAIL, BLACKBERRY & CO.

Der Chef hebt gerade an, sein Lieblingsthema Strategie zu platzieren – und bricht mitten im Satz ab. Es klingelt. Schrill, anhaltend und schweißtreibend. Bis Sie das Handy in Ihrer Jackentasche gefunden haben, richten sich alle Blicke vorwurfsvoll auf Sie. Der Peinlichkeitsfaktor könnte gar nicht höher sein!

HANDYALARM

Sollten Sie zu jenen Zeitgenossen gehören, die sich ohne Mobiltelefon irgendwie unvollständig fühlen: Gewöhnen Sie sich an zeitweilige Abstinenz. In Besprechungen, Kundengesprächen oder bei Geschäftsessen bleibt das Handy aus. Die Dudelei stört nicht nur die Konzentration in einer Runde. Jeder Gesprächspartner wird es als Affront empfinden, wenn Sie Ihre Aufmerksamkeit abwenden und einem Anrufer widmen.

WIE SCHÖN, IMMER ERREICHBAR ZU SEIN. Aber denken Sie dabei auch an Ihre Kollegen. Das ständige Piepsen und Klingeln von allen Seiten kann ziemlich auf die Nerven gehen. Dabei könnte es so einfach sein! Zum Beispiel indem Sie auf »lautlos« schalten, wenn Sie einen Arbeitsplatz mit anderen teilen. Ein privates Gespräch? Dann ziehen Sie sich diskret zurück. Schließlich muss ja nicht jeder mitkriegen, was Sie mit Ihrem Partner besprechen. Dasselbe gilt für Meetings. Sollte es wirklich einmal ganz dringend sein, etwa weil Sie auf einen wichtigen Rückruf warten, setzen Sie sich nah an die Tür und verlassen beim ersten Vibrieren möglichst unauffällig den Raum. Das Gespräch nehmen Sie erst draußen an. So stören Sie niemanden – und Sie können sich in Ruhe auf den Inhalt des Gesprächs konzentrieren. Falls Sie zu einem Geschäftsessen verabredet sind und noch einen wichtigen Anruf erwarten, sollten Sie Klartext reden und den Gesprächspartner gleich zu Beginn um Verständnis bitten. Sie sind total stolz auf ihr super neues Blackberry? Es gehört trotzdem nicht auf den Tisch. Weder beim Geschäftsessen noch beim Meeting. Das Gerät bleibt unsichtbar und auf lautlos gestellt. Gehen Sie nur dran, wenn es tatsächlich der erwartete Anrufer ist.

Eifriges Simsen unterm Konferenztisch ist einer Kanzlerin gestattet, Ihnen nicht. Auch unter Kollegen ist Lautlosigkeit Trumpf, Tastenklicks sollten keine Töne von sich geben.

Geben Sie sich keinen falschen Illusionen hin: Nicht nur lautstarke Unterhaltungen stören. Auch das Versenden von Kurznachrichten ist in Meetings oder Gesprächen tabu.

INTERNETTIKETTE
Das World Wide Web hat schon so manchen Job gekostet. Der Umgang mit Mail und Internet wird zwar von Firma zu Firma unterschiedlich geregelt. Ungezügelte Privatkorrespondenz und ausgiebiges Surfen werden jedoch nirgendwo geschätzt. Schließlich geht jede Mail, jedes Googeln für private Zwecke auf Kosten des Arbeitgebers. Und der kriegt über den Firmen-Server mehr mit, als Sie sich vorstellen können.

»SCHÖNEN TAG NOCH :-)« Wer meint, dass Briefe alten Stils ein Fall für die Mottenkiste sind, liegt falsch. Frisch und fröhlich drauflosschreiben kommt im Geschäftsleben nicht besonders gut an. Vor allem den munteren Gebrauch von Emoticons heben Sie sich besser für Privatmails auf. Höfliche Anrede, eine Betreffzeile, mit der der Empfänger auf den ersten Blick etwas anfangen kann, und ein knapp, aber genau und fehlerfrei (!) formulierter Text sollten ebenso selbstverständlich sein wie ein der Beziehung angemessener Gruß.

Einer Mail an den mittlerweile gut vertrauten Kollegen von nebenan können Sie bei Gelegenheit ein Lachgesicht verpassen. Der netten Sekretärin der Zulieferfirma nicht.

DER CHEF WIRD ES IHNEN DANKEN! Setzen Sie ihn nicht automatisch bei jedem Schriftverkehr CC. Er ertrinkt auch so schon in der Flut an Mails, die »zur Kenntnisnahme« bei ihm landen. Dass bloß nichts Wichtiges an ihm vorbeiläuft! Den Ärger möchte sich jeder gerne ersparen.

Den Chef nicht zuzumüllen, aber gleichzeitig zu informieren und einzubinden ist schwierig. Sie haben es in der Hand, von Anfang an auszuloten, was er von Ihnen erwartet. Ein penibler Chef will womöglich auch auf dem Weg zum Ergebnis über jeden einzelnen Schritt informiert werden. Einem anderen reicht es, wenn Sie an wichtigen Punkten den Stand der Dinge berichten. Lassen Sie es nicht drauf ankommen, sondern fragen Sie nach. Eine klare Ansage erleichtert beiden Seiten das Leben.

KUNDEN UND GESCHÄFTSPARTNER

Gut, dass ich morgen nicht alleine in dieses Gespräch muss! Der Kunde soll ziemlich kompliziert sein. Und wie frei ich letzten Endes bei den Preisnachlässen sein darf, kann ich nicht wirklich einschätzen. Am besten lasse ich mich vom Maier nochmal impfen. Dann weiß ich, wie viel Spiel wir haben und was da voraussichtlich auf uns zukommt.

Verhandlungssache

Eine klare Strategie – darauf beruht jede professionell geführte Verhandlung. Aufgrund ihrer Erfahrung sind »alte Hasen« dem Nachwuchs in dieser Hinsicht oft überlegen. In Zeiten flacher Hierarchien wird Entscheidungskompetenz jedoch immer früher übertragen. Jobeinsteigern bleibt oft wenig Zeit, um zu lernen, wie man sich auf knifflige Situationen einstellt, Einwände geschickt entkräftet oder gütliche Lösungen findet – Verhandlungskompetenz wird bei Bewerbern meist direkt vorausgesetzt. Ob in Einkaufsgesprächen um Margen gefeilscht wird oder Versicherungsverträge ausgetüftelt werden: Auf allen Ebenen sind Mitarbeiter gefragt, die nicht nur in Sach- und Fachfragen fit sind, sondern ihre Interessen – und die der Firma! – auch erfolgreich vertreten können. Gerade in wirtschaftlich schlechten Zeiten wird um Absatz und Gewinne hart gerungen. Dabei kann es ganz schön zur Sache gehen.

Machtspielchen: Je höher die Verhandlungsführer in der Unternehmenshierarchie angesiedelt sind, desto größer ist ihre Entscheidungsgewalt. Bei schwierigen Verhandlungen kann es Taktik sein, erst einmal einen untergeordneten Mitarbeiter ins Rennen zu schicken. Zeigt sich dieser der Situation nicht gewachsen – zum Beispiel weil er viele

Zugeständnisse macht –, lässt er sich durch einen unverbrauchten, übergeordneten Entscheidungsträger ersetzen. Ob gezielt auf solche Machtspiele gesetzt oder kooperativ nach einem gemeinsamen Nenner gesucht wird, hängt von den Motiven ab. In einem Verkaufsgespräch kann es unter Umständen richtig sein, einen Schlussstrich zu ziehen und den Kunden laufen zu lassen. Ist der Auftrag jedoch langfristig wichtig für das eigene Image, sieht der Fall anders aus. Entscheidend ist, dass der Verhandlungsführer die Kontrolle behält und den Verlauf bewusst steuert.

Schwierig für Anfänger: Profis gehen geradezu spielerisch mit Gesprächsstrategien um. Unerfahrenere Gesprächspartner sollten jedoch zumindest signalisieren, dass sie die Spielregeln kennen. Eitelkeit beispielsweise ist ein beliebtes Angriffsziel für Manipulationen. Eine charmant vorgebrachte Schmeichelei, schon wiegt sich der Verhandlungspartner in Sicherheit – und lässt sich deutlich leichter um den Finger wickeln. Grundsätzlich gilt: Wo der Erfolgsdruck wächst, werden aggressivere Methoden eingesetzt. Fies wie im Krimi funktioniert zum Beispiel die Konstellation des »bösen« und des »guten« Verhandlungspartners: Während einer der Gruppe frontal angreift, signalisiert ein anderer Entgegenkommen. Im »Tatort« schiebt einer der Kommissare in solchen Situationen die Zigarettenschachtel über den Tisch. Von erfahrenen Kollegen lässt sich viel abschauen. Verfolgen Sie aufmerksam, wie Gespräche in Ihrem Haus geführt werden. Wird ein eher jovialer Ton gepflegt, oder kämpfen die Verhandlungspartner mit harten Bandagen? Lassen Sie sich mit Infos zu den jeweiligen Kunden und Geschäftspartnern versorgen, denn jeder hat seinen eigenen Stil. Sie tun sich leichter, wenn Sie auf die Vorlieben und Macken Ihres Gegenübers vorbereitet sind.

LEITFADEN FÜRS VERHANDLUNGSMANAGEMENT

Vor der Verhandlung	Die Vorbereitung beansprucht viel mehr Zeit als die Verhandlung selbst. Nicht nur die Argumente müssen sitzen. Sie haben einen Menschen vor sich – stellen Sie sich auf Ihr Gegenüber ein. Je mehr Sie über Ihren Gesprächspartner wissen, desto besser. Neben ehrlichem Interesse an der Person des Partners ist es äußerst wichtig, ein positives Klima zu schaffen. Der »Faktor Mensch« bestimmt den Erfolg einer Verhandlung maßgeblich mit.
Während der Verhandlung	Keine Maximalposition einnehmen! Sie brauchen Verhandlungsmasse. Wer sich ein Bündel von Teilzielen schnürt, verschafft sich Spielraum und lässt sich nicht so leicht auf einen Punkt festnageln.
Nach der Verhandlung	Lassen Sie sich Feedback von Kollegen geben. Was hätten Sie besser machen können, was ist gut gelaufen? Waren Sie in der Verhandlung allein, ziehen Sie selbst Bilanz: Sind die wichtigsten Teilziele erfüllt? In welchen Momenten und in Bezug auf welche Fragen haben Sie sich unsicher gefühlt? Überlegen Sie sich Lösungsstrategien für das nächste Mal.

Zeitreserven einplanen. Unter Druck ergeben sich oft negative Ergebnisse. Deshalb wird mangelnde Zeit auch ganz bewusst als Druckmittel eingesetzt. Dazu gehört auch, im Vorfeld präzise sein Thema zu bestimmen und zu gliedern. So ufert die Verhandlung nicht aus.

Wer mit sich selbst beschäftigt ist und fieberhaft über den nächsten Schritt nachdenkt, kann sich nicht auf sein Gegenüber konzentrieren. Spielen Sie schon im Voraus Worst Case- und Best Case-Szenarien durch. So bleibt im Gespräch selbst keine Entscheidung dem Augenblick überlassen.

Die passende Dosis Smalltalk oder eine Pointe am Rande wirken positiv auf das Gesprächsklima und erleichtern den Einstieg.

Achtung: Ihren Humor teilt nicht jeder. Deshalb Vorsicht mit Späßchen am Rande. Unter Anspannung kriegen sie leicht einen aggressiven Touch.

Gut verhandelt haben Sie dann, wenn der Gesprächspartner bereit ist, auch in Zukunft mit Ihnen zu verhandeln. Langfristige Geschäftsbeziehungen lassen sich nur aufbauen, wenn beide Seiten ihre Interessen im Ergebnis wiederfinden.

Legen Sie Dossiers zu wichtigen Geschäftspartnern an: Halten Sie Eindrücke, persönliche Vorlieben und Standpunkte für das nächste Treffen fest.

Visitenkarten: Aushängeschild im Scheckkartenformat

Sollte der Umgang mit den Kärtchen für Sie noch neu sein: Gewöhnen Sie sich daran, immer ein Päckchen griffbereit zu haben. Kein Kundentermin ohne Visitenkarte! Die kleinen, handlichen Aushängeschilder haben im Geschäftsleben eine zentrale Bedeutung gewonnen. Sie werden genutzt, um Unterhaltungen in Gang zu bringen und sich als Teil des Unternehmens zu legitimieren. In einigen Ländern gelten sie als Prestigeobjekt und Statussymbol. Trotzdem wird ihre Bedeutung viel zu häufig unterschätzt.

Wenn Sie vom Betrieb mit Karten im firmeneigenen Look (auch Corporate Design genannt) ausgestattet werden, kann bei der Gestaltung schon mal nichts schiefgehen. Für alle anderen gilt: Lassen Sie Profis ran! Marke Eigenbau kommt nicht gut an. Verzichten Sie auch auf hochgestochene Positionsbeschreibungen. Das wirkt sehr schnell lächerlich. Für Jobeinsteiger, die regelmäßig im Ausland unterwegs sind, empfiehlt es sich, Visitenkarten beidseitig bedrucken zu lassen. Die Rückseite sollte eine englische Version tragen.

Nicht nur die Optik muss stimmen. Auch im Umgang mit den Kärtchen kann viel daneben gehen. Kommen Sie als Gast in ein Unternehmen, überreichen Sie Ihre Karte immer als Erster. Treffen Sie gleich auf mehrere Geschäftspartner, ist zuerst der Ranghöchste dran – sofern die Hierarchie für Sie erkennbar ist. Andernfalls übergeben Sie die Karten der Reihe nach. Schauen Sie dabei nicht in der Gegend herum, sondern blicken Sie Ihr Gegenüber an. Anschließend wird die Karte auf keinen Fall achtlos in der Brusttasche versenkt. Speziell in asiatischen Ländern würden Sie damit jedes Projekt auf der Stelle sprengen.

Abb. Das kleine Kärtchen

01a Klare Gestaltung
01b Rückseite für eine englische Version
02 Nach Rangordnung verteilen

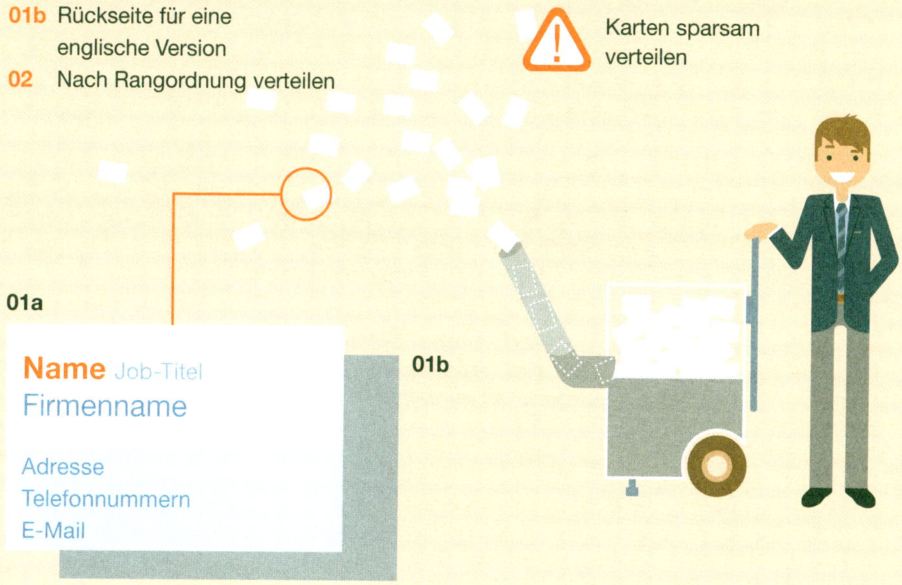

Denken Sie dran: Für den ersten Eindruck gibt es keine zweite Chance. Auch im Umgang mit Visitenkarten müssen die Handgriffe sitzen.

Gut benehmen – zu Hause und im Ausland

Freiherr von Knigge hätte seine helle Freude. Benimm ist wieder groß in Mode, die einschlägigen Umgangsformen werden im Job schlicht und ergreifend vorausgesetzt. Kein Wunder, dass Fragen der Etikette ganze Bücher füllen, denn so manche Tücke liegt im Detail (siehe S. 134). Verhaltensregeln für den Umgang im Job unterscheiden sich nicht selten erheblich von dem, was im privaten Leben als höflich gilt. Dass ich bei einer Begrüßung die andere Hand nicht in der Hosentasche versenke – geschenkt! Aber dass der Handschlag im Business beileibe nicht immer als angemessene Begrüßung zählt, verlangt schon etwas mehr Know-how in puncto Stilfragen. Also nicht automatisch mit ausgestreckter Hand vorpreschen – der Chef entscheidet über die Wahl der Mittel.

Wer grüßt zuerst, betritt ein Restaurant oder probiert den Wein? Im Job bestimmt die Hierarchie die Regeln. Den Gentleman zu geben ist hier weniger gefragt – eine Tatsache, die den ein oder anderen Herrn der Schöpfung nicht selten irritiert. Im Berufsleben kommt es auf die Position an. Geschäftsfrauen verhalten sich als Gastgeberin genauso wie ihre männlichen Vertreter: Sie öffnen die Tür, gehen aber im Lokal voraus; mit Vorschlägen zur Wahl des Essens geben sie Hinweise auf das Preisniveau, und am Ende zahlen sie die Rechnung. Sich bei einem Geschäftsessen sicher durch die Untiefen von Gabelarrangements und Weinauswahl zu bewegen ist ebenso wichtig wie die Fähigkeit, auf Themen eingehen zu können, die außerhalb der Berufswelt liegen. Sich als Liebhaber der Schönen Künste zu outen oder von anderen Kulturen zu schwärmen kommt bei kulinarischen Rahmenveranstaltungen immer gut an. Nicht zu unterschätzen: Der freundliche Umgang mit dem Service-Personal. Wer sich zu einer uncharmanten Bemerkung über die Kellnerin hinreißen lässt (»Die lahme Tante!«), kann

Alkohol? Fühlen Sie sich nicht unter Druck gesetzt. Bleiben Sie ruhig beim Wasser, auch wenn Ihre Geschäftspartner etwas anderes bestellen. Es gilt heute absolut nicht mehr als unhöflich, auf alkoholische Getränke zu verzichten!

sich anschließend noch so launig präsentieren, den guten Eindruck hat er verspielt. Was unabsehbare Folgen nach sich ziehen kann. Ob Sie zum Lunch verabredet sind oder zum stilvollen Fünf-Gänge-Menü in edlem Ambiente: Bei den gemeinsamen Essen geht es um viel mehr als um die reine Nahrungsaufnahme, sie sind ein wichtiges Instrument im Geschäftsleben. Ganz gleich, ob Sie künftige Partner beschnuppern, einen Abschluss feiern oder ein neues Projekt beginnen.

Abb. Faux-pas im Restaurant

01 Wie geprostet wird, entscheidet der Chef

02 Gefühlsausbrüche vermeiden

03 Personal nur höflich rufen

Hilfe, ein Meerestier! Legen Sie keine Bastelshow hin. Bitten Sie lieber den Kellner, die Forelle zu filetieren oder den Hummer zu knacken, bevor Sie den anderen am Tisch einen eher unappetitlichen Anblick bieten.

Geschäftsbeziehungen sind überall auf der Welt identisch? Ein Trugschluss. Kulturelle Unterschiede erweisen sich häufig als unerwartete Fallstricke.

Verbindungen in alle Welt

Im internationalen Geschäft braucht es ganz besonders viel Fingerspitzengefühl, um gute Haltungsnoten zu erzielen. Die Fahrwasser sind tief. Schon kleine Missverständnisse können für tiefgreifende Irritationen sorgen. Was in unserem Kulturkreis als unverzichtbar gilt – zum Beispiel den Blickkontakt zu halten und dem Gesprächspartner bei der Begrüßung offen in die Augen zu sehen –, würde in manchen Ländern als grobe Unhöflichkeit registriert. Doch nicht nur bei den Umgangsformen tun sich heikle Benimmfallen auf. Auch im Business selbst gilt: Andere Länder, andere Sitten. Während amerikanische Gesprächspartner sehr direkt sind, beginnen Dänen Verhandlungen wesentlich langsamer und reagieren auf Unterbrechungen verschnupft. In Portugal kann es ungemütlich werden, wenn man den Charme und die ausgewiesene Freundlichkeit der Gesprächspartner ausnutzt. Wer wiederum als Frau für eine deutsche Firma unterwegs ist, wird auf die besonderen Gepflogenheiten saudi-arabischer Gesprächspartner eingehen und kleidungsmäßig relativ dezent auftreten.

Und wenn doch ein Missgeschick passiert?

Fühlt sich ein Geschäftspartner auf den Schlips getreten, weil Sie gegen »die guten Sitten« verstoßen haben, ist das nur schwer wieder gut zu machen. Ein kleiner Fauxpas beim Geschäftsessen lässt sich dagegen meistens mit Anstand überspielen. Hauptsache, Sie machen kein großes Drama draus. Ein flutschiges Messer, das auf dem Boden landet, lässt sich mit Hilfe des Obers ersetzen (bloß nicht auf dem Boden herumkriechen!). Und auch Rotweinpfützen lassen sich in der Regel leicht beheben – putzen Sie aber nicht selber auf der Hose Ihres Nachbarn herum, sondern reichen Sie ihm lieber Ihre Serviette. So wichtig Verhaltensformen im Berufsleben auch sind: Als einstudierte Regeln bleiben sie reine Technik. Echte Höflichkeit stellt den Menschen in den Mittelpunkt, nicht die Manieren. Rücksichtsvolles Verhalten, Gastfreundschaft und eine wertschätzende Haltung im Umgang sind letzten Endes entscheidender als ein besonders geschickter Umgang mit der Hummerzange.

Geschäfte in aller Herren Länder:
Kleiner Antiblamierknigge

- Notieren Sie typische Arbeitssituationen, die in dem Land auf Sie zukommen. Wo könnten Probleme auftauchen?

- Welche Geschäftsmerkmale sind »typisch deutsch«? Und wie kommt das in Ihrem Zielland an?

- »Ich hab mal gehört, Chinesen schaut man nicht in die Augen …« Stellen Sie sich die Begrüßung Ihrer Kollegen, Vorgesetzten und Mitarbeiter vor. Worauf müssen Sie achten? Information ist alles.

- Quel Malheur! Was tun im Konfliktfall? Gewohnte Strategien sind im Ausland nicht unbedingt die besten. Hören Sie sich unter erfahrenen Kollegen um.

EXTRA

WENN DER KUNDE SAUER WIRD

IM LAND DES LÄCHELNS

Hat Ihnen ein aufgebrachter Kunde am Telefon schon mal ins Ohr geblökt? Dann haben Sie ja erlebt, wie schwierig es ist, immer schön zuvorkommend und gelassen zu bleiben. Aber es führt nun mal kein Weg dran vorbei: Der Kunde ist König – und bringt Ihrem Unternehmen das Geld.

Gerade am Anfang kann es richtig schwierig sein, sich auf diesem Parkett sicher zu bewegen. Schließlich treffen Jobeinsteiger auch hier ständig auf neue Gesichter. Doch selbst wenn Sie den Laden noch nicht so gut kennen: Auf Ihren Anfängerbonus sollten Sie nicht spekulieren. Ein Kunde erwartet, dass er bei Ihrem Unternehmen in guten Händen ist – egal mit wem er zu tun hat.

DARAUF KOMMT´S AN:

- Klar, Sachkenntnis bringen Sie mit. Beim Erstkontakt ist jedoch ganz entscheidend, wie Sie etwas sagen und ob Sie dabei überzeugend rüberkommen.

- Am Anfang sind Sie noch schwer mit sich selbst beschäftigt. Achten Sie trotzdem auf die Signale Ihres Gesprächspartners - erst recht, wenn dieser verärgert ist. Kommen Ihre Argumente bei ihm an, oder ist er viel zu aufgeregt, um sich zu konzentrieren? Dann bringen Sie ihn erst einmal runter. Zum Beispiel mit einem Lob (»Haben Sie vielen Dank, dass Sie uns direkt informieren …«). Erst wenn er sich verstanden fühlt, wird er bereit sein, Ihnen weiter zuzuhören.

- Ausschlaggebend ist nicht, was Sie sagen, sondern was Herr Meier versteht. Wichtig: Das Gesagte in regelmäßigen Abständen kurz zusammenfassen, damit klar ist, dass sie auf einer Wellenlänge sind.

- Achten Sie gut auf den Namen. Fragen Sie im Zweifelsfall nach, wie er geschrieben wird. Bei ungewöhnlichen Namen nach der richtigen Aussprache erkundigen.

- Termine mit Kunden sind sakrosankt! Fünf Minuten zu spät aufgebrochen, und schon werden Sie nicht mehr für zuverlässig gehalten.

»DAFÜR BIN ICH NICHT ZUSTÄNDIG!« Gerne gehört – und immer wieder grob fahrlässig. Einen Kunden zu vergrätzen gibt doppelte Minuspunkte. Ein Anrufer wendet sich mit einem Problem an Sie, aber es ist nicht Ihr Sachgebiet? Dann finden Sie heraus, wer ihm weiterhelfen kann – oder kümmern Sie sich selber drum. Nicht vergessen: Nummer und Erreichbarkeit des Kunden notieren und Rückruf innerhalb der nächsten 24 Stunden zusagen. Falls Sie so richtig auf Zack sind und schneller einen Zwischenbericht liefern, freut er sich.

Bloß kein ABER! Wenn Sie Gegenargumente damit einleiten, fühlt sich Ihr Kunde in die Ecke gedrängt. Da kann ja nur Widerspruch kommen.

BEI SICH SELBER ANFANGEN. Wie reagieren Sie, wenn Ihnen jemand arrogant kommt und Ihre Kompetenz anzweifelt? Werden Sie ganz kleinlaut und grummeln innerlich vor sich hin – oder zahlen Sie es dem Schnösel mit gleicher Karte zurück? Beides wäre im Berufsleben ein böses Foul. Sicher, immer sachlich zu bleiben und sich nicht auf Streitniveau zu begeben ist anstrengend. Wir sind ja keine Roboter, die jederzeit absolut cool bleiben. Aber wer weiß, wie er in bestimmten Situationen typischerweise reagiert, kann anfangen, sein Verhalten zu ändern. Laut zu werden ist immer falsch. Aber auch mit Beschwichtigungen (»Das ist doch gar nicht so schlimm!«) gießen Sie Öl ins Feuer. Wie soll sich der Kunde mit seinem Problem da ernst genommen fühlen? Selbst wenn er falschliegt, mit seiner Rundum-Kritik oder irgendwelche Vorwände bringt, dürfen Sie ihm das nicht auf den Kopf zusagen. Bauen Sie ihm eine goldene Brücke und signalisieren Sie ihm Ihre Wertschätzung, bevor Sie strategisch geschickt damit beginnen, Ihre Gegenargumente zu platzieren. Schließlich muss der Kunde sein Gesicht wahren können.

Ein freundliches Lächeln hört man auch am Telefon! Wer mit zusammengebissenen Zähnen gequält freundlich antwortet, wirkt auch ungesehen nicht sehr überzeugend.

MUSS ICH MIR DENN ALLES GEFALLEN LASSEN? NEIN! Ob jemand seinem Ärger Luft macht oder ausfallend und persönlich wird – darin liegt ein Unterschied. »Ich möchte nicht, dass Sie mich beleidigen, aber ich bin gerne bereit, Ihnen zu helfen« – so viel Deutlichkeit darf drin sein.

DAS ENDE DER PROBEZEIT

Die ersten 100 Tage sind bald vorbei. Aber wie geht es jetzt weiter? Noch habe ich nichts vom Chef gehört. Ob ich übernommen werde? Eigentlich habe ich ein ganz gutes Gefühl. Er nickt mir immer freundlich zu, wenn ich ihm auf dem Gang begegne. Vielleicht sollte ich ihn einfach mal drauf ansprechen, wann ich einen festen Vertrag kriege.

Kündigung in der Probezeit

Die Länge der Probezeit ist Verhandlungssache. Längstens kann sie zwischen drei und sechs Monaten dauern. Wer vorher schon in dem Betrieb gearbeitet hat, als Praktikant zum Beispiel, kann auch ganz ohne davonkommen. Ist eine Probezeit im Vertrag festgeschrieben, bedeutet das: Passt dem Teamleiter Ihre Nase nicht, können Sie ohne Angabe von Gründen gekündigt werden. Und zwar innerhalb einer verkürzten Kündigungsfrist von zwei Wochen. Aber Vorsicht: Ist vertraglich eine längere Kündigungsfrist vereinbart, gilt die vertragliche Regelung. Azubis können sogar von einem Tag auf den anderen gekündigt werden. Beliebtes Gegengift: Krankfeiern. Nutzt aber nichts. Auch Krankheit schützt nicht vor Kündigung.

%

Jedes dritte Arbeitsverhältnis wird nach Schätzungen von Experten vor Ablauf eines halben Jahres gekündigt. Kein Grund also sich in den Staub zu werfen, wenn's nicht klappt. Das gehört zum Alltag.

Befristete Verträge: Ob das Unternehmen bei befristeten Verträgen eine Kündigung überhaupt aussprechen muss, hängt vom Vertrag ab. Bei befristeten Arbeitsverhältnissen kann Ihr Chef Sie zwar nur kündigen, wenn es vertraglich vereinbart worden ist. Jedoch endet der Vertrag automatisch mit Ablauf des Datums, das als Ende der Befristung angegeben wurde. Wenn er Sie behalten will, muss er das mit Ihnen verhandeln. Noch ein kleiner Tipp: Sobald Sie nach dem befristeten Arbeitsverhältnis ohne Vertrag weiterbeschäftigt werden – dafür reicht ein Tag nach der Befristung aus –, geht das befristete Arbeitsverhältnis in ein unbefristetes über. Man sollte sich also ruhig verhalten, sofern sich von oben niemand rührt.

»Wir sind uns noch nicht so sicher …« Sehr beliebte Variante bei Arbeitgebern: Die Probezeit einfach noch mal um drei Monate zu verlängern. Angeblich, weil sie noch nicht so ganz überzeugt von Ihnen sind. Es stecken jedoch eher strategische Überlegungen dahinter. Zum Beispiel die Absicht, demnächst Personal abzubauen.
Was tun? Es muss kein Fehler sein, sich darauf einzulassen. Im Gegenteil. Sofern man eine rechtlich unwirksame Formulierung hinbekommt. Beispielsweise: »Die Probezeit wird um drei Monate verlängert …« Das können Sie gut unterschreiben. So ein Passus verstößt nämlich gegen das Teilzeit- und Befristungsgesetz. Folge: Das Arbeitsverhältnis geht automatisch in einen unbefristeten Vertrag über.

»Und wenn es *mir* nicht gefällt?« Zwanghaft ein bis zwei Jahre an einem schrecklichen Arbeitsplatz abzusitzen, nur weil es im Lebenslauf besser aussieht – das müssen Sie sich nicht antun. Wer klar benennen kann, warum er bereits nach wenigen Wochen oder Monaten einen Neuanfang sucht, kommt bei einer Bewerbung besser rüber als ein total Frustrierter, der irgendwann entnervt das Handtuch geworfen hat und jetzt wie ein Häufchen Elend dasitzt.
Eine ernsthafte und selbstkritische Analyse der Situation ist dafür allerdings A & O. Trotzdem: Eine Kündigung ist mit Sicherheit kein einfacher Weg, um Probleme zu lösen. Und eines ist auch klar: Schwierige Phasen, die keinen Spaß machen, sind in jedem Job völlig normal. Nach 100 Tagen sollten sich die Selbstzweifel allerdings allmählich verflüchtigen und dem erleichternden Gefühl Platz machen: So langsam blicke ich durch!

§

Babybauch schützt: Schwangere können auch in der Probezeit nicht gekündigt werden.

Geschafft!

Endlich habe ich den festen Vertrag in der Tasche. Jetzt bin ich aber erleichtert! Am Ende habe ich ja schon ein bisschen gezittert, als so gar keine Reaktion kam. Gut, dass ich die Gelegenheit genutzt habe, um beim letzten Meeting meine Ergebnisse nochmal zu präsentieren. War ja viel Arbeit, aber es hat sich gelohnt. Jetzt würde ich am liebsten erst mal Urlaub machen und mich von dem ganzen Stress erholen!

Schön, wenn Entspannung einsetzt! Es ist ein beruhigendes Gefühl, die Probezeit überstanden zu haben. Der innere Druck nimmt ab, wenn man weiß, wie es weitergeht, und die Zukunft wieder ein bisschen klarer sieht. Der größte Einarbeitungsstress liegt nun hinter Ihnen. Die vielen unbekannten Gesichter aus den ersten Wochen wirken inzwischen vertraut, die meisten kennen Sie mit Namen. Sie haben erlebt, auf welche Kollegen man sich hundertprozentig verlassen kann – und vor welchen Kandidaten man lieber auf der Hut ist. In den Konferenzen läuft nicht mehr so viel an Ihnen vorbei und Aufgaben, für die Sie anfangs Stunden gebraucht haben, werden langsam zu Routine. Insgesamt läuft alles ein bisschen entspannter. Genießen Sie es, Ihren Platz gefunden zu haben. Aber schreiben Sie nicht gleich einen Antrag auf Urlaub. Denn auch in der Zeit nach den ersten 100 Tagen, steht so einiges auf Ihrer To-do-Liste. Sie haben Ihr Gehaltsziel in der ersten Runde verfehlt, oder Sie stellen fest, dass die Ansprüche höher sind als gedacht? Jetzt wäre der Moment gekommen, um Gehaltsvereinbarungen nachzuverhandeln und sich im Gespräch mit dem Chef Ziele für die nächste Phase zu stecken.

Kein Grund zur vorschnellen Freude: Der Chef kann ihnen noch am allerletzten Probetag mit 14-tägiger bzw. der vertraglich vereinbarten Frist kündigen. Ärgerlich – aber wirksam.

Was möchten Sie erreichen in dem ersten Jahr, und was brauchen Sie, um diese Vorgabe auch erfüllen zu können? Wichtig ist, dass Sie jetzt am Ball bleiben und festzurren, wohin Sie wollen. Ob Sie die Karriereleiter weiter hochklettern, liegt bei Ihnen.

Information ist alles

Wie sieht es in Ihrer Firma mit Aktivitäten in puncto Personalentwicklung aus? Checken Sie Ihre Möglichkeiten – zum Beispiel im Gespräch mit Vorgesetzten, Kollegen oder den Personalern. Machen Sie selbst Vorschläge und begründen Sie, warum diese oder jene Fortbildung für die gemeinsam gesteckten Ziele so wichtig ist. Längst nicht jeder Mitarbeiter wird gleichermaßen mit dem Angebot an Lehrgängen und Seminaren beglückt. Welchen Nutzen hat der Betrieb davon? Das ist die Frage, die Ihren Chef interessiert.

Tue Gutes und rede darüber

Leistung ist wichtig – aber längst nicht alles. Natürlich hängt Ihr Ruf ganz entscheidend von dem ab, was Sie zustande bringen. Um als vielversprechende Nachwuchskraft wahrgenommen – und aufgebaut! – zu werden, müssen Sie Ihre Erfolge aber auch verkaufen. Beiträge im Intranet, Präsenz bei Unternehmens-Events oder die Mitarbeit in abteilungsübergreifenden Projekten – es gibt jede Menge Möglichkeiten, um auf sich aufmerksam zu machen. Sie sind ehrgeizig und scheuen auch vor schwierigen Themen nicht zurück? Entscheidend ist, dass die Botschaft bei den richtigen Leuten ankommt. Sonst hocken Sie in ein paar Jahren noch immer am selben Platz.

Eines dürfen Sie über all die strategisch wichtigen Überlegungen aber natürlich auf keinen Fall vergessen: Laden Sie Kollegen, Mitarbeiter und Vorgesetzte ein. Jetzt gibt es was zu feiern!

%

Wer wird gefördert?
Nur zu einem Zehntel trägt die Leistung dazu bei, ob unser Potenzial erkannt wird, sagen Forscher. Immerhin 30 % der Förderungswürdigkeit verdanken wir dem Image und stolze 60 % unserem Bekanntheitsgrad in der Firma.

FETTNÄPFCHEN IN DEN ERSTEN 100 TAGEN

Ehre, wem Ehre gebührt!

Der Kollege hat sich in den ersten Wochen total nett um Sie gekümmert? Dann lassen Sie ihn nicht fallen wie eine heiße Kartoffel, sobald Sie sich in dem Laden munter fühlen wie ein Fisch im Wasser. Wie heißt es so schön: Eine Hand wäscht die andere!

Sie ist Chefin, ich hab Geschmack

Sich modelmäßig aufzubrezeln ist keine gute Idee. Eleganter aufzutreten als die Chefin kann außerdem Neidattacken schüren. Statussymbole oder fette Klunker bleiben – sofern vorhanden – zu Hause.

Dem Chef in den Rücken fallen

Schon auf Anzeichen von Illoyalität reagieren Vorgesetzte allergisch. Sie möchten einen kritischen Punkt ansprechen? Bloß nicht vor Publikum!

»Aber ich habe den Urlaub schon gebucht!«

Auf die lieb gewonnene Februarwoche in den Bergen zu bestehen, selbst wenn in dieser Zeit eine wichtige Messe ansteht, zeigt wenig Verantwortungsbewusstsein gegenüber der Firma.

»Dabei war ich so offen!«

Eine Kollegin ist eine Kollegin. Keine Freundin. Schön, wenn Sie Glücksmomente mit jemandem teilen können (»Wow, der Chef hat mich gelobt!«). Aber Privates bleibt aus dem Spiel. Sie heizen die Gerüchteküche sonst mächtig an.

CHECKLISTE

Macht der Job Spaß?

Gehe ich morgens gerne zur Arbeit, oder setzen schon jetzt manchmal Fluchtgedanken ein? Habe ich eher zu viele als zu wenige Aufgaben? Was kann ich besonders gut? Übernehme ich zunehmend mehr Verantwortung, ist meine Meinung gefragt? Komme ich mit dem Zeitplan hin, oder fühle ich mich ständig überfordert? Finde ich bei den Kollegen Unterstützung, werde ich von ihnen akzeptiert?

- [ ]

Wie komme ich mit meinem Chef klar?

Weiß ich, was er von mir und meinen Leistungen hält? Kommt er von selbst auf mich zu, oder muss ich ihm hinterherlaufen, um Feedback zu kriegen? Helfen mir seine Aussagen – Lob wie Kritik – weiter? Haben wir für die nächste Zeit gemeinsam ein Ziel erarbeitet? Gelingt es mir, mit seinen Ticks und Marotten umzugehen?

- [ ]

Wie gehe ich mit Konflikten um?

Wie verhalte ich mich in brenzligen Situationen: Gelingt es mir, ruhig und freundlich im Ton zu bleiben, aber zugleich konsequent in der Sache? In welchen Situationen ist es zu Auseinandersetzungen gekommen? Wo kam es häufiger vor? Ist es uns gelungen, eine gütliche Lösung zu finden?

- [ ]

Wo fehlt's noch?

Kann ich mich entfalten oder trete ich auf der Stelle? Gibt es nachvollziehbare Gründe dafür, dass es nicht so recht weitergeht? Möglicherweise behindern fachliche Lücken die Weiterentwicklung – besteht die Aussicht auf Fortbildungsmaßnahmen? Entspricht das Gehalt den tatsächlichen Anforderungen des Jobs? Andernfalls wäre jetzt, nach der Probezeit, die Gelegenheit, um es neu zu verhandeln.

- [ ]

SERVICE

KAPITEL 1: Bewerben – so geht's

Christine Öttl / Gitte Härter: *300 Fragen zur Bewerbung. Erfolgreich von der Planung bis zum Vorstellungsgespräch.* Gräfe & Unzer, 2007.

Jürgen Hesse / Hans Christian Schrader: *Das 1 x 1 der erfolgreichen schriftlichen Bewerbung.* Eichborn Verlag, 2008.

Svenja Hofert: *Jobsuche und Bewerben im Web 2.0. Wie Sie das Internet als Karriereplattform nutzen.* Eichborn Verlag, 2008.

Portal zu allen Fragen rund um das Thema Karriere
www.stepstone.de

Karriereportal für junge Akademiker
www.berufsstart.de

Online-Auftritt des Magazins Junge Karriere (Handelsblatt)
www.karriere.com

Online-Service der F.A.Z. zum Thema
www.chancen.net

Suchmaschine und Wegweiser durch Tests im Internet, u. a. Job- und Gehaltstests
www.testedich.de

Englisches Bewerbungstraining
www.shldirect.com

KAPITEL 2: Die erste Woche

Holger Balodis: *Berufsunfähigkeit gezielt absichern. Der Weg zum passenden Vertrag.* Stiftung Warentest / Verbraucherzentrale NRW.

Martin Kinkel: *Job & Money für jüngere Arbeitnehmer.* Bestellen über www.jobmoney.de

Lohn- und Gehaltscheck / Brutto-Netto-Rechner
www.lohnspiegel.de

Gehaltsrechner
www.nettolohn.de

Was sollte in einer Haftpflichtversicherung enthalten sein?
www.vermittlerprotokoll.de
(unter Download, Private Haftpflichtrisiken)

Infos zum Thema Vermögenswirksame Leistungen / Mitarbeiterfonds etc.
www.bundesfinanzministerium.de

Krankenkassenrechner
www.krankenkasseninfo.de/rechner/wiso

Checkliste zur Berufsunfähigkeitsversicherung
www.stiftung-warentest.de

Bundesverband der Lohnsteuerhilfevereine e.V.
www.bdl-online.de

KAPITEL 3: Der erste Monat

Christine Öttl/Gitte Härter: *Selbst-Marketing. Zeigen Sie, was in Ihnen steckt.* Gräfe & Unzer, 2009.

Susanne Dölz/Carmen Kauffmann: *Sich durchsetzen.* Haufe Verlag. Best of-Edition, 2009.

Martin Wehrle: *Der Feind in meinem Büro. Die großen und kleinen Irrtümer zwischen Chef und Mitarbeiter.* Econ Verlag, 2005.

Business-Netzwerke:
www.xing.com
www.linkedin.com
www.zerodegrees.com
www.spoke.com
www.visiblepath.com
www.brainguide.de
www.viadeo.com

Branchen-Netzwerke:
www.financenetworx.info
www.healthnetworx.info
www.hrnetworx.info
www.it-sicherheitnetworx.info
www.legalnetworx.info
www.planetnetworx.info
www.recruitnetworx.info

SERVICE

KAPITEL 4: Die ersten 100 Tage

Volker Kitz / Manuel Tusch: *Das Frustjob-killerbuch. Warum es egal ist, für wen Sie arbeiten.* Campus Verlag, 2008.

Christian Püttjer / Uwe Schnierda: *Die heimlichen Spielregeln der Verhandlung. So trainieren Sie Ihre Überzeugungs-kraft.* Campus Verlag, 2007.

Udo Haeske: *Kommunikation mit Kunden. Kundengespräch, After Sales und Reklamationen.* Cornelsen, 2008.

Isabel Nitzsche: *Spielregeln rund um den Globus*. Bildung und Wissen Verlag, 2005.

Cordula Nussbaum: *300 Tipps für mehr Zeit*. Gräfe & Unzer, 2007.

Managementtechniken und betriebswirtschaftliches Know-how für Mitarbeiter, Manager und Geschäftsführer
www.business-wissen.de

Themen, Tipps und Trends für Manager, Führungskräfte und solche, die es werden wollen (u. a. Checkliste »Wie gehe ich mit Reklamationen um?«)
www.4managers.de/themen/beschwerdemanagement

Mitarbeitergespräch Vorbereitungsleitfaden
www.uni-mainz.de/downloads_usm/Broschuere_Mitarbeitergespräche.pdf

Wie betreue ich einen Kunden, ohne ihm nach dem Mund zu reden?
www.drweb.de/magazin/vom-umgang-mit-kunden/

WO FINDE ICH UNTERSTÜTZUNG?

Karriereberatung

Es läuft nicht so richtig im Job, Sie wissen gar nicht mehr weiter? Dann kann es hilfreich sein, sich Hilfe von außen zu holen. Keine Bange, Sie stehen damit nicht allein! Die Nachfrage nach professionellen Karriereberatern boomt. Wichtig ist nur, genau zu wissen, was Sie wollen. Es gibt eine Vielzahl von Beratungsbüros, die sich strategischen Fragestellungen widmen und Trainings zu Einzelthemen anbieten: Von Fragen rund um die Bewerbung über Selbstmarketing bis hin zur Vorbereitung auf ein Vorstellungsgespräch.

Coaching

Beim Coaching wiederum geht es um eine prozessbegleitende Form der Beratung. Ein guter Coach versteht sich als neutraler Begleiter. Er verteilt keine Tipps, sondern hilft dem Klienten dabei, seine eigene Lösung für den Umgang mit einer schwierigen Situation zu finden.

Deutsche Gesellschaft für Karriereberatung
www.dgfk.org
(Checkliste: So finde ich den passenden Karriereberater)

Deutscher Bundesverband Coaching (DBVC)
www.dbvc.de

Coaching Pool GmbH
Netzwerk zur Vermittlung und Vermarktung von Coaches
www.coaching-pool.eu

Mentoring

Das Prinzip ist so einfach wie wirkungsvoll: Eine erfahrene, kompetente Person begleitet eine (meist) jüngere in ihrer beruflichen Entwicklung und unterstützt sie darin, Fähigkeiten zu erkennen und zu stärken. Der Mentor nimmt im Gegensatz zum Coach keine neutrale Position ein, sondern stellt sein Wissen und seine Erfahrung zur Verfügung. Innerhalb von Unternehmen wird Mentoring ebenso eingesetzt wie in der Wissenschaft oder in Berufsverbänden.

Beispiele:

- **Expertinnen-Beratungsnetz Hamburg**
  www.expertinnen-beratungsnetz.de
  (mit Links zu den lokalen Netzwerken in Deutschland)

- **Münchner Cross-Mentoring-Programm**
  www.crossconsult.biz
  (mit Ableger in Frankfurt)

- www.buecherfrauen.de
- www.geoagentur.de
- www.dajv.de
- www.aerztinnenbund.de

Recruiting-Events

Auf Jobmessen stellen sich Unternehmen vor – und strecken die Fühler aus, um geeigneten Nachwuchs zu finden. Für Jobeinsteiger eine gute Gelegenheit, um sich auf dem Markt umzuschauen und ins Gespräch zu kommen.

Job & Master Messe / Bochum
www.einstieg.com

Absolventenmesse Mitteldeutschland / Leipzig
www.absolventenmesse-mitteldeutschland.de

CampusChances / Münster und Düsseldorf
www.CampusChances.de

Absolventenkongress Köln
www.absolventenkongress.de

TALENTS – Die Jobmesse / München
www.talents.de

Jobmesse Düsseldorf
www.jobmessen.de

Karrieretag Familienunternehmen
www.karrieretag-familienunternehmen.de

Wer schon weiß, welcher Wirtschaftszweig für ihn in Frage kommt, ist auf branchenspezifischen Jobmessen besser aufgehoben.

JURAcon/JOBcon IT/JOBcon Finance
www.iqb.de

T5-Futures
Jobmesse mit Healthcare-Fokus
www.t5-futures.de

Frankfurter Jobbörse für Naturwissenschaftler
www.jobboerse-ffm.de

Biotechnica
www.biotechnica.de

Cebit
Weltgrößte Fachmesse für die IT- und Telekommunikationsbranche – inoffiziell auch Karrieremesse
www.cebit.de

Hannover Messe
Branchenübergreifende Technologiemesse mit Job & Career Market
www.hannovermesse.de

Jobbörse für Chemikerinnen und Chemiker
www.gdch.de

careers4engineers
www.careers4engineers.de

REGISTER

Autorin & Illustratorin

Abb. Mitarbeiterinnen des Monats

A Gunda Achterhold

B Dawn Parisi

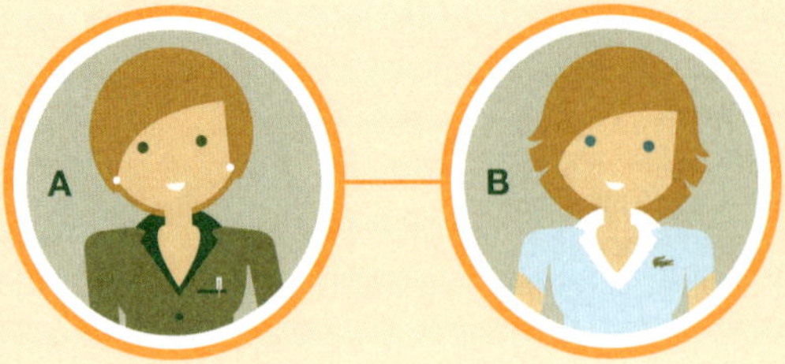

Die Autorin

Gunda Achterhold zeigte beim Verfassen dieses Buches stets ein sehr hohes Maß an Eigeninitiative und Leistungsbereitschaft. Sie verfügt über eine sehr gute Stress-Stabilität und zugleich über ein pragmatisches Urteilsvermögen. Aufgrund ihres umfangreichen und besonders fundierten Fachwissens als Journalistin, Autorin und Coach erzielt sie weit überdurchschnittliche Erfolge. Die Arbeit an diesem Job-Ratgeber hat sie stets äußerst selbstständig, effizient und sorgfältig ausgeführt – ihre Arbeitsqualität genügt immer höchsten Ansprüchen. Sie erledigte die Arbeit an diesem Buch mit großer Begeisterung und zu ihrer vollsten Zufriedenheit!

Die Illustratorin

Dawn Parisi hat eine Abneigung gegen echte und heimliche Hierarchien, was dazu führte, dass sie sich bereits in ihrem ersten Praktikum weigerte, für den Chef Kaffee zu kochen. Um künftigen Ärger zu vermeiden, entschied sie sich lieber für ein Dasein als freie Illustratorin in Hamburg, was zu Beginn vor allem hieß, einiges gratis, aber nichts umsonst zu machen. Seitdem versteht sie sich bestens auf Netzwerke, Selbstmarketing und Verhandlungsmanagement und setzt mit »Im neuen Job« die Reihe »Kompetent & im Trend« (www.kompetentimtrend.de) im Sanssouci Verlag fort.